Photoshop CS6 /
Illustrator CS6
标准培训教程

数字艺术教育研究室 编著

U0247926

人民邮电出版社

北京

图书在版编目（CIP）数据

Photoshop CS6/Illustrator CS6标准培训教程 / 数字艺术教育研究室编著. -- 北京 : 人民邮电出版社, 2019.7
ISBN 978-7-115-49759-8

Ⅰ. ①P… Ⅱ. ①数… Ⅲ. ①图像处理软件－教材② 图形软件－教材 Ⅳ. ①TP391.413②TP391.412

中国版本图书馆CIP数据核字(2018)第274009号

内 容 提 要

Photoshop 和 Illustrator 都是当今流行的图像处理和矢量图形设计软件，被广泛应用于平面设计、包装装潢和彩色出版等领域。

本书根据职业院校教师和学生的实际需求，以平面设计的典型应用为主线，通过多个精彩实用的案例，全面细致地讲解了如何利用 Photoshop 和 Illustrator 来完成专业的平面设计项目，使学生在掌握软件功能和制作技巧的基础上，开拓设计思路，提高设计能力。

本书附带学习资源，内容包括书中所有案例的素材及效果文件，读者可通过在线方式获取这些资源，具体方法请参看本书前言。

本书适合作为相关院校和培训机构数字媒体艺术类专业课程的教材，也可作为相关人士的参考用书。

◆ 编　　著　数字艺术教育研究室
　　责任编辑　张丹丹
　　责任印制　马振武

◆ 人民邮电出版社出版发行　　北京市丰台区成寿寺路 11 号
　　邮编　100164　　电子邮件　315@ptpress.com.cn
　　网址　http://www.ptpress.com.cn
　　北京捷迅佳彩印刷有限公司印刷

◆ 开本：700×1000　1/16
　　印张：14
　　字数：330 千字　　　　　　　　　2019 年 7 月第 1 版
　　印数：1—2 500 册　　　　　　　　2019 年 7 月北京第 1 次印刷

定价：59.80 元

读者服务热线：(010)81055410　印装质量热线：(010)81055316
反盗版热线：(010)81055315
广告经营许可证：京东工商广登字 20170147 号

前　言

　　Photoshop和Illustrator自推出之日起就深受平面设计人员的喜爱，是当今非常流行的图像处理和矢量图形设计软件，被广泛应用于平面设计、包装装潢、彩色出版等领域。在实际的平面设计和制作工作中，要想出色地完成一件平面设计作品，须利用不同软件各自的优势，将其巧妙地结合使用。

　　本书根据职业院校教师和学生的实际需求，以平面设计的典型应用为主线，通过多个精彩实用的案例，全面细致地讲解如何利用Photoshop和Illustrator来完成专业的平面设计项目。

　　全书共分为12章，分别详细讲解了设计软件的基础知识、标志设计、卡片设计、UI设计、书籍装帧设计、Banner设计、宣传单设计、广告设计、招贴设计、宣传册设计、杂志设计和包装设计等内容。

　　本书利用来自平面设计公司的商业案例，详细讲解了运用Photoshop和Illustrator制作案例的流程和技法，并在此过程中融入了实践经验以及相关知识，使读者在掌握软件功能和制作技巧的基础上，开拓设计思路，提高设计能力。

　　本书附带学习资源，内容包括书中所有案例的素材及效果文件。读者在学完本书内容以后，可以调用这些资源进行深入练习。这些学习资源文件均可在线下载，扫描"资源获取"二维码，关注我们的微信公众号，即可得到资源文件获取方式。另外，购买本书作为授课教材的教师也可以通过该方式获得教师专享资源，其中包括教学大纲、备课教案、教学PPT，以及课堂案例和课后习题的教学视频等相关教学资源包。如需资源获取技术支持，请致函szys@ptpress.com.cn。同时，读者可以扫描"在线视频"二维码观看本书所有案例视频。本书的参考学时为60学时，其中实训环节为22学时，各章的参考学时请参见下面的学时分配表。

资源获取

在线视频

章	课程内容	学时分配	
		讲　授	实　训
第1章	设计软件的基础知识	2	
第2章	标志设计	2	2
第3章	卡片设计	3	2
第4章	UI设计	4	2
第5章	书籍装帧设计	4	2
第6章	Banner设计	4	2

章	课程内容	学时分配	
		讲　授	实　训
第7章	宣传单设计	3	2
第8章	广告设计	3	2
第9章	招贴设计	3	2
第10章	宣传册设计	4	2
第11章	杂志设计	3	2
第12章	包装设计	3	2
学 时 总 计		38	22

由于时间仓促，编者水平有限，书中难免存在错误和不妥之处，敬请广大读者批评指正。

编者

2019年3月

目　录

资源与支持

本书由数艺社出品，"数艺社"社区平台（www.shuyishe.com）为您提供后续服务。

学习资源
所有案例的素材、效果文件和在线视频

教师专享资源
教学大纲

备课教案

教学PPT

教学视频

资源获取请扫码

"数艺社"社区平台，为艺术设计从业者提供专业的教育产品。

与我们联系
我们的联系邮箱是 szys@ptpress.com.cn。如果您对本书有任何疑问或建议，请您发邮件给我们，并请在邮件标题中注明本书书名及ISBN，以便我们更高效地做出反馈。

如果您有兴趣出版图书、录制教学课程，或者参与技术审校等工作，可以发邮件给我们；有意出版图书的作者也可以到"数艺社"社区平台在线投稿（直接访问 www.shuyishe.com 即可），如果学校、培训机构或企业想批量购买本书或数艺社出版的其他图书，也可以发邮件给我们。

如果您在网上发现针对数艺社出品图书的各种形式的盗版行为，包括对图书全部或部分内容的非授权传播，请您将怀疑有侵权行为的链接通过邮件发给我们。您的这一举动是对作者权益的保护，也是我们持续为您提供有价值的内容的动力之源。

关于数艺社
人民邮电出版社有限公司旗下品牌"数艺社"，专注于专业艺术设计类图书出版，为艺术设计从业者提供专业的图书、U书、课程等教育产品。领域涉及平面、三维、影视、摄影与后期等数字艺术门类；字体设计、品牌设计、色彩设计等设计理论与应用门类；UI设计、电商设计、新媒体设计、游戏设计、交互设计、原型设计等互联网设计门类；环艺设计手绘、插画设计手绘、工业设计手绘等设计手绘门类。更多服务请访问"数艺社"社区平台www.shuyishe.com。我们将提供及时、准确、专业的学习服务。

第 *1* 章

设计软件的基础知识

本章介绍

　　本章主要介绍设计软件的基础知识，包括位图和矢量图，图像的分辨率、色彩模式和文件格式，页面设置，图片大小，以及出血、文字转换、印前检查、小样等内容。通过学习本章内容，读者可以快速掌握设计软件的基础知识和操作技巧，从而更好地完成平面设计作品的创意设计与制作。

学习目标

◆ 了解位图和矢量图。

◆ 了解图像的分辨率、色彩模式和文件格式。

◆ 掌握设置页面的方法。

◆ 掌握调整图片大小的技巧。

◆ 掌握出血的设置技巧。

◆ 掌握文字的转换方法。

◆ 了解印前检查和小样的制作。

1.1 位图和矢量图

图像文件可以分为两大类：位图图像和矢量图形。在处理图像或绘图的过程中，这两种类型的图像可以相互交叉使用。

1.1.1 位图

位图图像也称为点阵图像，它是由许多单独的小方块组成的。这些小方块被称为像素，每个像素都有其特定的位置和颜色值。位图图像的显示效果与像素是紧密联系在一起的，不同排列和着色的像素聚在一起组成了一幅色彩丰富的图像。像素越多，图像的分辨率越高，相应地，图像的文件也会越大。

图像的原始效果如图1-1所示。使用放大工具放大后，可以清晰地看到像素的小方块形状与不同的颜色，效果如图1-2所示。

图1-1　　　　　　　图1-2

位图与分辨率有关，如果在屏幕上以较大的倍数放大显示图像，或以低于创建时的分辨率打印图像，图像就会出现锯齿状的边缘，并且会丢失细节。

1.1.2 矢量图

矢量图也称为向量图，它是一种基于图形的几何特性来描述的图像。矢量图中的各种图形元素被称为对象，每一个对象都是独立的个体，都具有大小、颜色、形状、轮廓等特性。

矢量图与分辨率无关，可以将它缩放到任意大小，其清晰度不会变，也不会出现锯齿状的边缘。在任何分辨率下显示或打印，都不会丢失细节。图形的原始效果如图1-3所示。使用放大工具放大后，其清晰度不变，效果如图1-4所示。

图1-3　　　　　　　图1-4

矢量图的文件所占容量较小，但这种图形的缺点是不易制作色调丰富的图像，而且绘制出来的图形无法像位图那样精确地表现各种绚丽的景象。

1.2 分辨率

分辨率是用于描述图像文件信息的术语。分辨率分为图像分辨率、屏幕分辨率和输出分辨率。下面将分别进行讲解。

1.2.1 图像分辨率

在Photoshop中，图像中每单位长度上的像素数目，称为图像的分辨率，其单位为像素/英寸（1英寸=2.54厘米）或像素/厘米。

在相同尺寸的两幅图像中，高分辨率的图像包含的像素比低分辨率的图像包含的像素多。例如，一幅尺寸为1英寸×1英寸的图像，其分辨率为72像素/英寸，这幅图像包含5 184（72×72＝

5 184）像素；同样尺寸，分辨率为300像素/英寸的图像，图像包含90 000像素。相同尺寸下，分辨率为300像素/英寸的图像效果如图1-5所示，分辨率为72像素/英寸的图像效果如图1-6所示。由此可见，在相同尺寸下，高分辨率的图像能更清晰地表现图像。

图1-5　　　　　　　　　　图1-6

🔍 提示

如果一幅图像所包含的像素是固定的，增加图像尺寸后，会降低图像的分辨率。

1.2.2 屏幕分辨率

屏幕分辨率是显示器上每单位长度显示的像素数目。屏幕分辨率取决于显示器大小加上其像素设置。PC显示器的分辨率一般约为96像素/英寸，Mac显示器的分辨率一般约为72像素/英寸。在Photoshop中，图像像素被直接转换成显示器像素，当图像分辨率高于显示器分辨率时，屏幕中显示出的图像比实际尺寸大。

1.2.3 输出分辨率

输出分辨率是照排机或打印机等输出设备产生的每英寸的油墨点数（dpi）。打印机的分辨率在720 dpi以上的，可以使图像获得比较好的打印效果。

1.3　色彩模式

Photoshop和Illustrator提供了多种色彩模式，这些色彩模式是作品能够在屏幕和印刷品上成功表现的重要保障。在这里重点介绍几种经常使用的色彩模式，即CMYK模式、RGB模式、灰度模式及Lab模式。每种色彩模式都有不同的色域，并且各模式之间可以相互转换。

1.3.1　CMYK模式

"CMYK"代表印刷时使用的4种油墨颜色：C代表青色，M代表洋红色，Y代表黄色，K代表黑色。CMYK模式在印刷时应用了色彩学中的减色法混合原理，即减色色彩模式，它是图片、插图和其他作品常用的一种印刷方式。在印刷过程中通常都要进行四色分色，出四色胶片，然后再进行印刷。

在Photoshop中，CMYK颜色控制面板如图1-7所示。可以在颜色控制面板中设置CMYK颜色。在Illustrator中也可以使用颜色控制面板设置CMYK的颜色，如图1-8所示。

图1-7　　　　　　　　　　图1-8

🔍 提示

若作品需要进行印刷，在Photoshop中制作平面设计作品时，一般会把图像文件的色彩模式设置为CMYK模式。在Illustrator中制作平面设计作品时，绘制的矢量图形和制作的文字都要使用CMYK颜色。

可以在建立新的Photoshop图像文件时就选择CMYK颜色模式（四色印刷模式），如图1-9所示。

图1-9

示。在Illustrator中，颜色控制面板也可以设置RGB颜色，如图1-11所示。

图1-10　　　　　　　　图1-11

> 🔍 **提示**
>
> 新建Photoshop文件时，选择CMYK颜色模式的好处是可以避免成品的颜色失真，因为在整个作品的制作过程中，所制作的图像都在可印刷的色域中。

在制作过程中，可以随时选择"图像 > 模式 > CMYK颜色"命令，将图像转换成CMYK四色印刷模式。但是一定要注意，在图像转换为CMYK四色印刷模式后，就无法再转换回原来的RGB图像了。因为RGB的色彩模式在转换成CMYK色彩模式时，色域外的颜色会变暗，使整个色彩成为可以印刷的文件。因此，在将RGB模式转换成CMYK模式之前，可以选择"视图 > 校样设置 > 工作中的CMYK"命令，预览一下转换成CMYK色彩模式时的图像效果，如果不满意CMYK色彩模式的效果，还可以根据需要调整图像。

1.3.2　RGB模式

RGB模式是一种加色模式，它通过红、绿、蓝3种色光相叠加而形成更多的颜色。RGB是色光的彩色模式，一幅24bit的RGB图像有3个色彩信息的通道：红色（R）、绿色（G）和蓝色（B）。在Photoshop中，RGB颜色控制面板如图1-10所

每个通道都有8位的色彩信息——一个0～255的亮度值色域。也就是说，每一种色彩都有256个亮度水平级。因此，3种色彩相叠加，RGB颜色模式可以重现约为1670万（256×256×256）种颜色。

在Photoshop中编辑图像时，RGB色彩模式应是最佳的选择。因为它可以提供全屏幕的多达24位的色彩范围，一些计算机领域的色彩专家称之为"True Color"（真彩显示）。

> 🔍 **提示**
>
> 一般在视频编辑和设计过程中，使用RGB颜色来编辑和处理图像。

1.3.3　灰度模式

灰度模式（灰度图）又称为8bit深度图。每个像素用8个二进制位表示，能产生256级灰色调。当一个彩色文件被转换为灰度模式文件时，所有的颜色信息都将从文件中丢失。尽管Photoshop允许将一个灰度文件转换为彩色模式文件，但不可能将原来的颜色完全还原。所以，当要转换灰度模式时，应先做好图像的备份。

像黑白照片一样，一个灰度模式的图像只有明暗值，没有色相和饱和度这两种颜色信息。在Photoshop中，颜色控制面板如图1-12所示。在Illustrator中，也可以用颜色控制面板设置灰度颜色，如图1-13所示。0%代表白，100%代表黑，其中的K值用于衡量黑色油墨用量。

图1-12

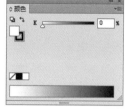

图1-13

图1-14

1.3.4 Lab模式

Lab模式是Photoshop中的一种国际色彩标准模式，它由3个通道组成：一个通道是透明度，即L；其他两个是色彩通道，即色相和饱和度，用a和b表示。a通道包括的颜色值从深绿到灰，再到亮粉红色；b通道是从亮蓝色到灰，再到焦黄色。Lab颜色控制面板如图1-14所示。

Lab模式在理论上包括了人眼可见的所有色彩，它弥补了CMYK模式和RGB模式的不足。在这种模式下，图像的处理速度比在CMYK模式下快数倍，与RGB模式的速度相仿。而且在把Lab模式转成CMYK模式的过程中，所有的色彩不会丢失或被替换。

🔍 提示

当Photoshop将RGB模式转换成CMYK模式时，可以先将RGB模式转换成Lab模式，然后再从Lab模式转换成CMYK模式，这样能减少图片的颜色损失。

1.4 文件格式

当平面设计作品制作完成后，就要进行存储。这时，选择一种合适的文件格式就显得十分重要。在Photoshop和Illustrator中有20多种文件格式可供选择。在这些文件格式中，既有Photoshop和Illustrator的专用格式，也有用于应用程序交换的文件格式，还有一些比较特殊的格式。下面，重点讲解几种常用的文件存储格式。

1.4.1 TIF（TIFF）格式

TIF是标签图像格式。TIF格式对于色彩通道图像来说具有很强的可移植性，它可以用于PC、Macintosh及UNIX工作站三大平台，是这三大平台上使用非常广泛的绘图格式。

用TIF格式存储时应考虑到文件的大小，因为TIF格式的结构要比其他格式更大更复杂。但TIF格式支持24个通道，能存储多于4个通道的文件格式。TIF格式还允许使用Photoshop中的复杂工具和滤镜特效。

🔍 提示

TIF格式非常适合用于印刷和输出。在Photoshop中编辑处理完成的图片文件一般都会存储为TIF格式，然后导入Illustrator的平面设计文件中再进行编辑处理。

1.4.2 PSD格式

PSD格式是Photoshop软件自身的专用文件格式，该格式能够保存图像数据的细小部分，如图层、蒙版、通道、参考线、注解和颜色模式等信息。在没有确定好图像存储的格式前，最好先用这种格式存储。另外，Photoshop打开和存储这种格式的文件的速度较其他格式更快。

1.4.3　AI格式

AI格式是Illustrator软件的专用格式。它的兼容度比较高，可以在CorelDRAW中打开，也可以将CDR格式的文件导出为AI格式。

1.4.4　JPEG格式

JPEG（Joint Photographic Experts Group）的中文意思为"联合图片专家组"。JPEG格式既是Photoshop支持的一种文件格式，也是一种压缩方案。它是Macintosh上常用的一种存储格式。JPEG格式是压缩格式中的"佼佼者"，与TIF文件格式采用的LIW无损压缩相比，它的压缩比例更大。但它使用的有损压缩会丢失部分数据。用户可以在存储前选择图像的最好质量，这样就能控制数据的损失程度了。

在Photoshop中，有低、中、高和最高4种图像压缩品质可供选择。用高质量保存图像占用的磁盘空间比用其他质量保存占用的磁盘空间要大。而选择低质量保存图像则会损失较多数据，但占用的磁盘空间较少。

1.4.5　EPS格式

EPS格式为压缩的PostScript格式，是为在PostScript打印机上输出图像开发的格式。其最大优点是在排版软件中可以以低分辨率预览，而在打印时以高分辨率输出。它不支持Alpha通道，但可以支持裁切路径。

EPS格式支持Photoshop中所有的颜色模式，可以用来存储点阵图像和向量图形。在存储点阵图像时，还可以将图像的白色像素设置为透明的效果，它在位图模式下也支持透明效果。

1.5　页面设置

在设计制作平面作品之前，要根据客户的要求在Photoshop或Illustrator中设置页面文件的尺寸。下面就来讲解如何根据制作标准或客户要求来设置页面文件的尺寸。

1.5.1　在Photoshop中设置页面

选择"文件 > 新建"命令，弹出"新建"对话框，如图1-15所示。在对话框中，"名称"选项后的文本框中可以输入新建图像的文件名；"预设"选项后的下拉列表用于自定义或选择其他固定格式文件的大小；在"宽度"和"高度"选项后的数值框中可以输入需要设置的宽度和高度的数值，单击选项右侧的▼按钮，弹出计量单位下拉列表，可以选择图像宽度和高度的计量单位；在"分辨率"选项后的数值框中可以输入需要设置的分辨率。

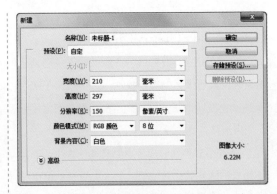

图1-15

一般在进行屏幕练习时，"分辨率"选项可以设定为72像素/英寸；在进行平面设计时，"分辨率"选项可以设定为输出设备的半调网屏频率的1.5~2倍，一般为300像素/英寸。单击"确定"按钮，新建页面。

🔍 **提示**

每英寸像素数越大，图像的文件也就越大。应根据工作需要设定合适的分辨率。

1.5.2 在Illustrator中设置页面

在实际工作中，往往要利用Illustrator这一类的优秀平面设计软件来完成印前的制作任务，随后才是出胶片、送印刷厂。这就要求在设计制作前，设置好作品的尺寸。

选择"文件 > 新建"命令，弹出"新建文档"对话框，如图1-16所示。在对话框中，"名称"选项可以输入新建文件的名称；"配置文件"选项可以选择不同的配置文件；"画板数量"选项可以设置页面中画板的数量，当数量为多页时，右侧的按钮和下方的"间距""列数"选项显示为可编辑状态； 📇📇📇📇 按钮可以设置画板的排列方法及排列方向，"间距"选项可以设置画板之间的间距，"列数"选项用于设置画板的列数；"大小"选项可以在下拉列表中选择系统预先设置的文件尺寸，也可以在下方的"宽度"和"高度"选项中自定义文件尺寸；"单位"选项可以设置文件所采用的单位，默认状态下为"毫米"；"取向"选项用于设置新建页面的取向；"出血"选项用于设置页面的出血值。默认状态下，右侧为锁定 🔒 状态，可以同时设置出血值；单击此按钮，使其处于解锁状态，可以单独设置出血值。

单击"高级"选项左侧的按钮 ▶，显示或隐藏"高级"选项，如图1-17所示。"颜色模式"选项用于设置新建文件的颜色模式；"栅格效果"选项用于设置文件的栅格效果；"预览模式"选项用于设置文件的预览模式；单击 模板(T)... 按钮，弹出"从模板新建"对话框，可选择需要的模板来新建文件。

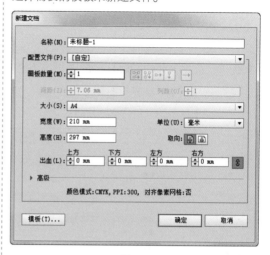

图1-16

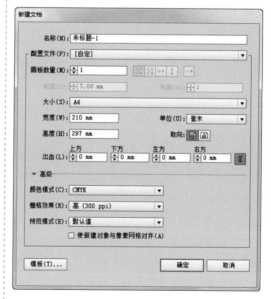

图1-17

选择"文件 > 从模板新建"命令，弹出"从模板新建"对话框，选择一个模板，单击"新建"按钮，可新建一个文件。

1.6 图片大小

在完成平面设计任务的过程中，为了更好地编辑图像或图形，经常需要调整图像或者图形的大小。下面将讲解调整图像或图形大小的方法。

1.6.1 在Photoshop中调整图像大小

打开一幅图像。选择"图像 > 图像大小"命令，弹出"图像大小"对话框，如图1-18所示。

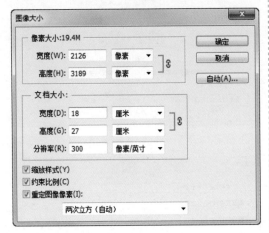

图1-18

"像素大小"选项组：以像素为单位来改变宽度和高度的数值，图像的尺寸也相应改变。

"文档大小"选项组：以厘米为单位来改变宽度和高度的数值，以像素/英寸为单位来改变分辨率的数值，图像的文档大小被改变，图像的尺寸也相应改变。

"缩放样式"选项：选择该复选框，可以在调整图像大小时自动缩放样式大小。

"约束比例"选项：选择该复选框，在宽度和高度的选项后出现"锁链"标志，表示改变其中一项设置时，两项会成比例地同时改变。

"重定图像像素"选项：不选择该复选框，像素大小将不发生变化，"文档大小"选项组中的宽度、高度和分辨率选项的后面将出现"锁链"标志，如图1-19所示。发生改变时3项会同时改变。

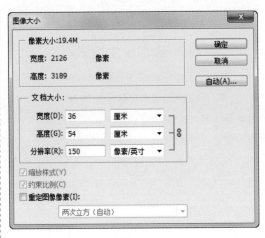

图1-19

自动(A)...：单击此按钮，弹出"自动分辨率"对话框，系统将自动调整图像的分辨率和品质效果，也可以根据需要自主调节图像的分辨率和品质效果，如图1-20所示。

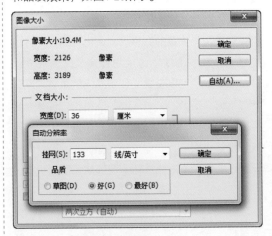

图1-20

在对话框中的数值计量单位选项中可以选择数值的计量单位，如图1-21所示。

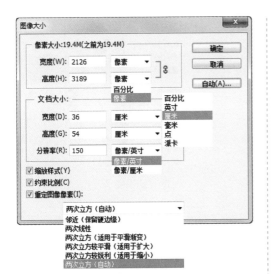

图1-21

图1-22

图1-23

选择"选择"工具 ▷，选取要缩放的对象，对象的周围出现控制手柄，如图1-24所示。选择"窗口 > 变换"命令，弹出"变换"控制面板，如图1-25所示。在"宽"和"高"选项中根据需要调整好宽度和高度值，如图1-26所示，按Enter键确认操作，完成对象的缩放，如图1-27所示。

> ⌕ 提 示
>
> 在设计制作的过程中，一般情况下位图的分辨率保持在300像素/英寸，这样编辑位图的尺寸可以从大尺寸图调整到小尺寸图，而且没有图像品质的损失。如果从小尺寸图调整到大尺寸图，就会造成图像品质的损失，如图片模糊等。

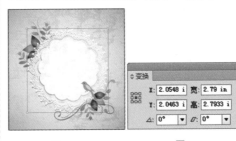

图1-24

图1-25

1.6.2 在Illustrator中调整图像大小

打开本书学习资源中的"Ch01 > 素材 > 05"文件。选择"选择"工具 ▷，选取要缩放的对象，对象的周围出现控制手柄，如图1-22所示。用鼠标拖曳控制手柄可以手动缩小或放大对象，如图1-23所示。

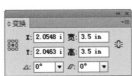

图1-26

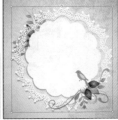

图1-27

1.7 ▷ 出血

印刷装订工艺要求接触到页面边缘的线条、图片或色块，须跨出页面边缘的成品裁切线3mm，称为出血。出血是防止裁刀裁切到成品尺寸里面的图文或出现白边。下面将以名片的制作为例，对如何在Photoshop或Illustrator中设置名片的出血进行细致的讲解。

1.7.1 在Photoshop中设置出血

（1）要求制作的名片的成品尺寸是90mm×

50mm，如果名片有底色或花纹，则需要将底色或花纹跨出页面边缘的成品裁切3mm。在

Photoshop中新建的文件页面尺寸需要设置为96 mm×56mm。

（2）按Ctrl+N组合键，弹出"新建"对话框，选项的设置如图1-28所示，单击"确定"按钮，效果如图1-29所示。

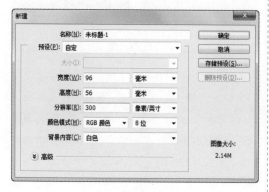

图1-28

（3）选择"视图 > 新建参考线"命令，弹出"新建参考线"对话框，设置如图1-30所示，单击"确定"按钮，效果如图1-31所示。用相同的方法，在5.3cm处新建一条水平参考线，效果如图1-32所示。

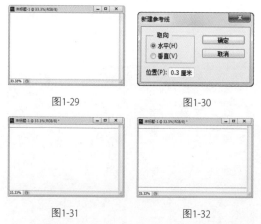

图1-29　　　　　　图1-30

图1-31　　　　　　图1-32

（4）选择"视图 > 新建参考线"命令，弹出"新建参考线"对话框，设置如图1-33所示，单击"确定"按钮，效果如图1-34所示。用相同的方法，在9.3cm处新建一条垂直参考线，效果如图1-35所示。

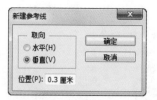

图1-33

图1-34　　　　　　图1-35

（5）按Ctrl+O组合键，打开本书学习资源中的"Ch01 > 素材 > 06"文件，效果如图1-36所示。选择"移动"工具，按住Shift键的同时，将其拖曳到新建的"未标题-1"文件窗口中，如图1-37所示。在"图层"控制面板中生成新的图层"图层1"。

图1-36

图1-37

（6）按Ctrl+E组合键，合并可见图层。按Ctrl+S组合键，弹出"存储为"对话框，将其命名为"名片背景"，保存为TIFF格式，单击"保存"按钮，弹出"TIFF选项"对话框，单击"确定"按钮，将图像保存。

1.7.2 在Illustrator中设置出血

（1）要求制作名片的成品尺寸是90mm×50mm，需要设置的出血是3mm。

（2）按Ctrl+N组合键，弹出"新建文档"对话框，选项的设置如图1-38所示，单击"确定"按钮，效果如图1-39所示。在页面中，实线框为宣传卡的成品尺寸90mm×50mm，红色框为出血尺寸，在红色框和实线框四边之间的空白区域是3mm的出血设置。

图1-38

图1-39

（3）选择"文件 > 置入"命令，弹出"置入"对话框，打开本书学习资源中的"Ch01 > 效果 > 名片背景"文件，如图1-40所示，单击"置入"按钮，将图片置入页面中。单击属性栏中的"嵌入"按钮，将图片嵌入页面中，如图1-41所示。

图1-40

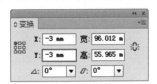

图1-41

（4）选择"窗口 > 变换"命令，弹出"变换"面板，选项的设置如图1-42所示，按Enter键，置入的图片与页面居中对齐，效果如图1-43所示。

图1-42

图1-43

（5）选择"文件 > 置入"命令，弹出"置入"对话框，打开本书学习资源中的"Ch01 > 素

材 > 07"文件，单击"置入"按钮，将图片置入页面中。单击属性栏中的"嵌入"按钮，将图片嵌入页面中。选择"选择"工具，将其拖曳到适当的位置，效果如图1-44所示。选择"文字"工具，在页面中分别输入需要的文字。选择"选择"工具，分别在属性栏中选择合适的字体并设置文字大小，效果如图1-45所示。

图1-45

（6）设计作品制作完成。按Ctrl+S组合键，弹出"存储为"对话框，将其命名为"名片"，保存为AI格式，单击"保存"按钮，将图像保存。

图1-44

1.8 文字转换

在Photoshop和Illustrator中输入文字时，都需要选择文字的字体。文字的字体文件安装在计算机、打印机或照排机中。字体就是文字的外在形态，当设计师选择的字体与输出中心的字体不匹配时，或者输出中心根本就没有设计师选择的字体时，出来的胶片上的文字就不是设计师选择的字体，甚至可能出现乱码。下面将讲解如何在Photoshop和Illustrator中进行文字转换来避免出现这样的问题。

1.8.1 在Photoshop中转换文字

打开本书学习资源中的"Ch01 > 素材 > 08"文件，在"图层"控制面板中选中需要的文字图层，如图1-46所示。选择"图层 > 栅格化 > 文字"命令，将文字图层转换为普通图层，就是将文字转换为图像，如图1-47所示，在图像窗口中的文字效果如图1-48所示。将文字图层转换为普通图层后，出片文件将不会出现字体的匹配问题。

图1-48

1.8.2 在Illustrator中转换文字

打开本书学习资源中的"Ch01 > 效果 > 名片.ai"文件。选择"选择"工具，按住Shift键的同时，单击选取输入的文字，如图1-49所示。选择"文字 > 创建轮廓"命令，将文字转换为

图1-46

图1-47

轮廓，如图1-50所示。按Ctrl+S组合键，将文件保存。

图1-49　　　　　　　　图1-50

1.9 ▷ 印前检查

在Illustrator中，在印刷前可以对设计制作好的名片进行常规的检查。

打开本书学习资源中的"Ch01 > 效果 > 名片.ai"文件，如图1-51所示。选择"窗口 > 文档信息"命令，弹出"文档信息"面板，如图1-52所示，单击面板右上方的图标，在弹出的下拉菜单中可以查看各个项目，如图1-53所示。

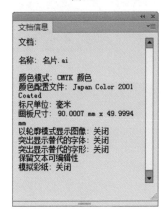

图1-51

图1-52

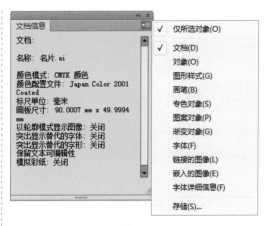

图1-53

在"文档信息"面板中无法反映图片丢失、修改后未更新、有多余的通道或路径的问题。选择"窗口 > 链接"命令，弹出"链接"面板，可以警告丢失或未更新图片，如图1-54所示。选择"文字 > 查找字体"命令，弹出"查找字体"对话框，如图1-55所示，可以将"文档信息"中发现的不适合出片的字体修改为别的字体。

图1-54

图1-55

1.10 小样

在Illustrator中，将客户的任务设计制作完成后，可以方便地给客户看设计完成稿的小样。下面讲解小样电子文件的导出方法。

1.10.1 带出血的小样

（1）打开本书学习资源中的"Ch01 > 效果 > 名片.ai"文件，如图1-56所示。选择"文件 > 导出"命令，弹出"导出"对话框，将其命名为"名片"，导出为JPG格式，如图1-57所示，单击"保存"按钮。弹出"JPEG选项"对话框，选项的设置如图1-58所示，单击"确定"按钮，导出图形。

（2）导出图形图标如图1-59所示。可以通过电子邮件的方式把导出的JPG格式小样发给客户观看，客户可以在看图软件中打开观看，效果如图1-60所示。

图1-56

图1-57

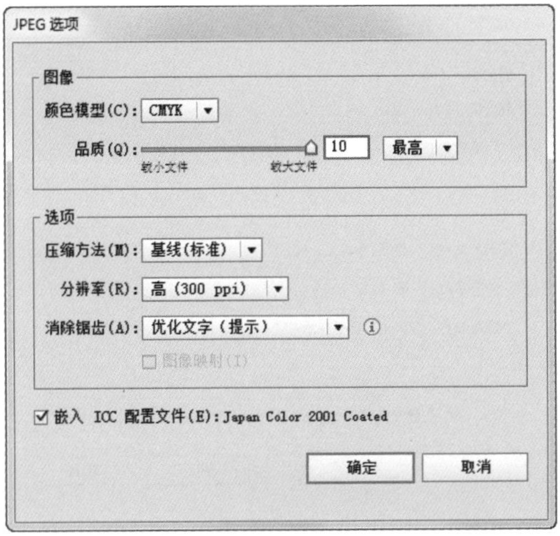

图1-58

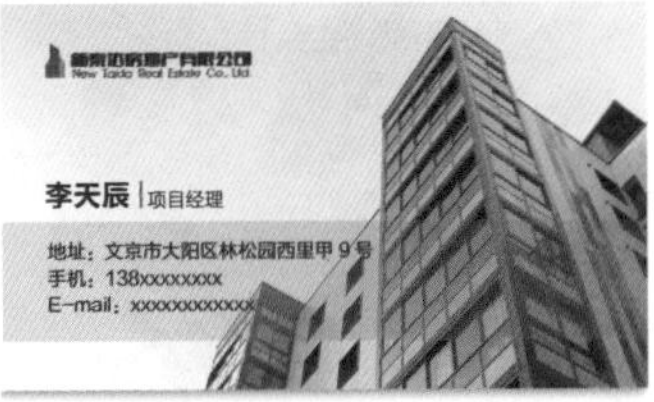

名片.jpg

图1-59

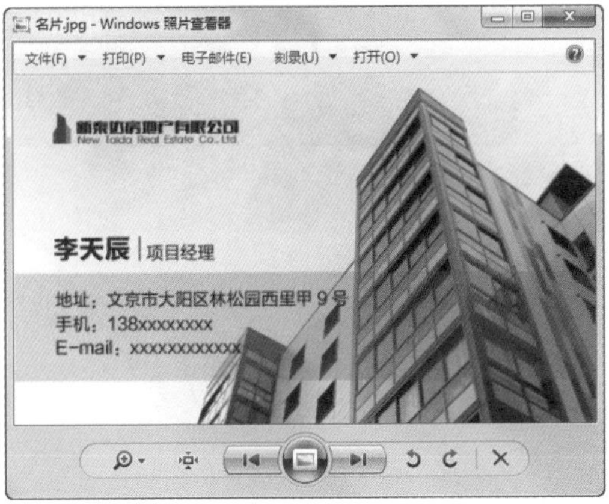

图1-60

> **提示**
>
> 一般给客户观看的作品小样都导出为JPG格式，JPG格式的图像压缩比例大、文件小，有利于通过电子邮件的方式发给客户观看。

1.10.2　成品尺寸的小样

（1）打开本书学习资源中的"Ch01 > 效果 > 名片.ai"文件，如图1-61所示。选择"选择"工具，按Ctrl+A组合键，将页面中的所有图形同时选取，按Ctrl+G组合键，将其群组，效果如图1-62所示。

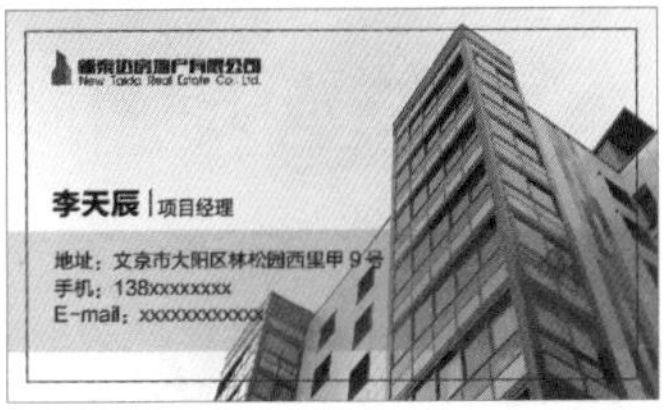

图1-61

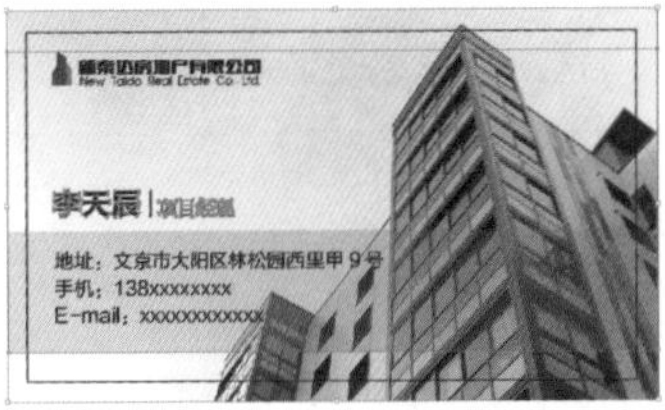

图1-62

（2）选择"矩形"工具，绘制一个与页面大小相等的矩形，绘制的矩形就是名片成品尺寸的大小，如图1-63所示。选择"选择"工具，将矩形和群组后的图形同时选取。按Ctrl+7组合键，创建剪切蒙版，效果如图1-64所示。成品尺寸的名片效果如图1-65所示。

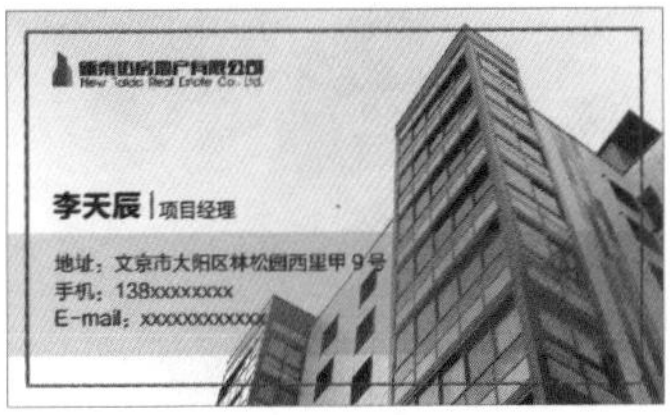

图1-63

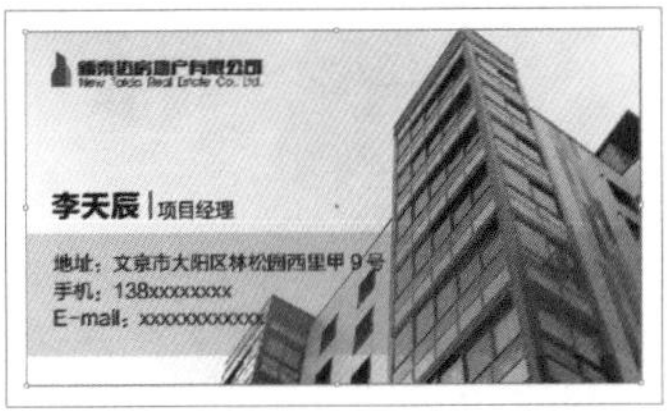

图1-64

图1-65

（3）选择"文件 > 导出"命令，弹出"导出"对话框，将其命名为"名片-成品尺寸"，导出为JPG格式，如图1-66所示，单击"保存"按钮。弹出"JPEG选项"对话框，选项的设置如图1-67所示，单击"确定"按钮，导出成品尺寸的名片图像。可以通过电子邮件的方式把导出的JPG格式小样发给客户观看，客户可以在看图软件中打开观看，效果如图1-68所示。

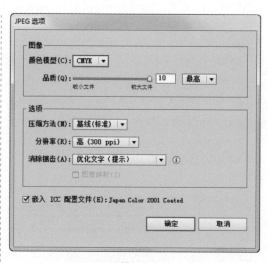

图1-67

图1-66

图1-68

第 2 章

标志设计

本章介绍

　　标志，是一种传达事物特征的特定视觉符号，它代表着企业的形象和文化。企业的服务水平、管理机制及综合实力都可以通过标志来体现。在企业视觉战略推广中，标志起着举足轻重的作用。本章以糖时标志设计为例，讲解标志的设计方法和制作技巧。

学习目标

◆ 掌握在Illustrator软件中制作标志的方法。

◆ 掌握在Photoshop软件中制作标志图形立体效果的技巧。

【案例学习目标】在Illustrator中，学习使用文字工具、选择工具和描边面板制作标志。在Photoshop中，学习为标志添加图层样式制作标志的立体效果。

【案例知识要点】在Illustrator中，使用文字工具、套索工具和直接选择工具添加和编辑文字，使用椭圆工具、描边面板和扩展命令制作文字笔画。在Photoshop中，使用椭圆工具绘制背景，使用图层样式制作标志立体效果。糖时标志设计效果如图2-1所示。

【效果所在位置】Ch02/效果/糖时标志设计/糖时标志设计.tif。

图2-1

Illustrator 应用

2.1.1　制作标志

（1）打开Illustrator软件，按Ctrl+N组合键，新建一个文档，设置文档的宽度为80mm，高度为80mm，取向为横向，颜色模式为CMYK，单击"确定"按钮。

（2）选择"文字"工具 T ，在适当的位置输入需要的文字，选择"选择"工具 ▶ ，在属性栏中选择合适的字体并设置文字大小，效果如图2-2所示。按Shift+Ctrl+O组合键，创建文字轮廓，如图2-3所示。

图2-2 　　　　　　　　图2-3

（3）按Shift+Ctrl+G组合键，取消文字编组，如图2-4所示。选择"套索"工具 ⬚ ，用圈选的方法选取需要的节点，如图2-5所示。

图2-4 　　　　　　　　图2-5

（4）按Delete键，删除选取的节点，效果如图2-6所示。再次圈选需要的节点，如图2-7所示。按Delete键，删除选取的节点，效果如图2-8所示。

图2-6

图2-7 　　　　　　　　图2-8

（5）选择"直接选择"工具 ▶ ，按住Shift键的同时，选取需要的节点，如图2-9所示。单击属性栏中的"连接所选终点"按钮 ⬚ ，连接节点，如图2-10所示。用相同的方法删除节点，效果如图2-11所示。

图2-9 　　　　图2-10 　　　　图2-11

（6）选择"椭圆"工具 ◉ ，按住Shift键的同时，在适当的位置绘制一个圆形，如图2-12所示。选择"窗口 > 描边"命令，弹出"描边"面板，设置如图2-13所示，按Enter键确认操作，描边效果如图2-14所示。

图2-12　　　　　　　　图2-13

图2-14

（7）选择"剪刀"工具 ✂，在适当的位置单击剪切圆形，如图2-15所示。在另一个位置单击剪切圆形，如图2-16所示。按两次Delete键，删除弧线，效果如图2-17所示。

图2-15　　　　图2-16　　　　图2-17

（8）选择"对象 > 扩展"命令，弹出"扩展"对话框，如图2-18所示，单击"确定"按钮，效果如图2-19所示。

图2-18　　　　　　　　图2-19

（9）选择"选择"工具 ▶，将需要的图形拖曳到适当的位置，如图2-20所示。选择"对象 > 复合路径 > 释放"命令，释放复合路径，如图2-21所示。

图2-20　　　　　　　　图2-21

（10）选择需要的图形，向右拖曳左侧中间的控制手柄，效果如图2-22所示。选择"直接选择"工具 ▶，按住Shift键的同时，选取需要的节点，向左拖曳到适当的位置，如图2-23所示。

图2-22　　　　　　　　图2-23

（11）选择"文字"工具 T，在适当的位置输入需要的文字，选择"选择"工具 ▶，在属性栏中选择合适的字体并设置文字大小，效果如图2-24所示。用圈选的方法将需要的图形同时选取，按Ctrl+G组合键，编组图形，效果如图2-25所示。

图2-24　　　　　　　　图2-25

（12）按Shift+Ctrl+S组合键，弹出"存储为"对话框，将其命名为"糖时标志"，保存为AI格式，单击"保存"按钮，将文件保存。

Photoshop 应用

2.1.2　制作立体效果

（1）打开Photoshop软件，按Ctrl＋N组

合键，新建一个文件，宽度为21cm，高度为21cm，分辨率为300像素/英寸，颜色模式为RGB，背景内容为白色，单击"确定"按钮。

（2）将前景色设为橙色（其R、G、B的值分别为255、126、48）。选择"椭圆"工具，在属性栏的"选择工具模式"选项中选择"形状"，按住Shift键的同时，在图像窗口中拖曳鼠标绘制一个圆形，效果如图2-26所示，在"图层"控制面板中生成新的图层"椭圆1"。

（3）选择"文件 > 置入"命令，弹出"置入"对话框，选择本书学习资源中的"Ch02 > 效果 > 糖时标志设计 > 糖时标志.ai"文件，单击"置入"按钮，弹出"置入PDF"对话框，单击"确定"按钮，置入图片。拖曳图片到适当的位置并调整其大小，按Enter键确认操作，效果如图2-27所示，在"图层"控制面板中生成新的图层"糖时标志"。

图2-26   图2-27

（4）在"图层"控制面板上方，将"糖时标志"图层的"填充"选项设为0%，如图2-28所示，按Enter键确认操作，效果如图2-29所示。

图2-28   图2-29

（5）单击"图层"控制面板下方的"添加图层样式"按钮 **fx.**，在弹出的菜单中选择"斜面和浮雕"命令，弹出对话框，将阴影颜色设为白色，其他选项的设置如图2-30所示。选择"内阴影"选项，弹出相应的对话框，设置如图2-31所示。

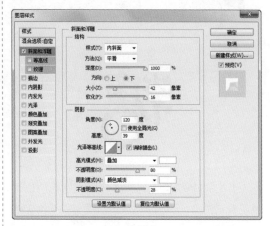

图2-30

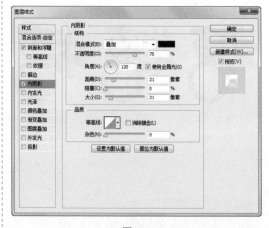

图2-31

（6）选择"颜色叠加"选项，弹出相应的对话框，将叠加颜色设为白色，其他选项的设置如图2-32所示。选择"投影"选项，弹出相应的对话框，设置如图2-33所示，单击"确定"按钮，效果如图2-34所示。

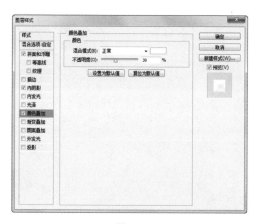

图2-32

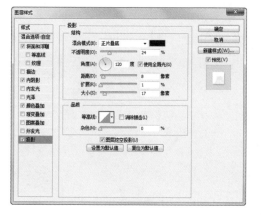

图2-33

图2-34

（7）按Shift+Ctrl+E组合键，合并可见图层。糖时标志制作完成，效果如图2-35所示。按Shift+Ctrl+S组合键，弹出"存储为"对话框，将其命名为"糖时标志设计"，保存图像为TIFF格式，单击"保存"按钮，弹出"TIFF选项"对话框，单击"确定"按钮，将图像保存。

图2-35

<h2>2.2 课后习题——天鸿达科技标志设计</h2>

【习题知识要点】在Illustrator中，使用矩形工具、直接选择工具、颜色面板和路径查找器面板制作标志图形，使用文字工具添加公司名称。在Photoshop中，使用图层样式制作标志图形的立体效果。天鸿达科技标志设计效果如图2-36所示。

【效果所在位置】Ch02/效果/天鸿达科技标志设计/天鸿达科技标志设计.tif。

图2-36

第 *3* 章

卡片设计

本章介绍

卡片，是人们增进交流的一种载体，是传递信息、交流情感的一种方式。卡片种类繁多，有邀请卡、祝福卡、生日卡、圣诞卡、新年贺卡等。本章以邀请函卡片和体操门票的设计为例，讲解卡片的设计方法和制作技巧。

学习目标

◆ 掌握在Photoshop软件中制作卡片底图和展示效果的方法。
◆ 掌握在Illustrator软件中添加装饰图形和卡片内容的技巧。

3.1 邀请函卡片设计

【案例学习目标】在Photoshop中，学习使用图层蒙版、画笔工具和调整层制作卡片底图。在Illustrator中，学习使用绘图工具和文字工具制作卡片封面和内页。

【案例知识要点】在Photoshop中，使用新建参考线命令添加参考线，使用图层蒙版、画笔工具、混合模式和不透明度选项制作图片融合，使用色阶调整层调整底图颜色。在Illustrator中，使用钢笔工具、矩形工具和椭圆工具绘制图形，使用文字工具和渐变工具添加贺卡信息，使用变换命令制作翻转图形。邀请函卡片效果如图3-1所示。

【效果所在位置】Ch03/效果/邀请函卡片设计/邀请函卡片设计.ai。

图3-1

Photoshop 应用

3.1.1 制作卡片底图

（1）打开Photoshop软件，按Ctrl＋N组合键，新建一个文件，宽度为26cm，高度为32cm，分辨率为150像素/英寸，颜色模式为RGB，背景内容为白色，单击"确定"按钮。选择"视频 > 新建参考线"命令，在弹出的对话框中进行设置，如图3-2所示，单击"确定"按钮，效果如图3-3所示。

图3-2　　　　　　　　　　图3-3

（2）按Ctrl+O组合键，打开本书学习资源中的"Ch03 > 素材 > 邀请函卡片设计 > 01"文件。选择"移动"工具，将01图片拖曳到新建的图像窗口中，效果如图3-4所示，在"图层"控制面板中生成新的图层并将其命名为"底纹"。在控制面板上方，将"不透明度"选项设为60%，如图3-5所示，按Enter键确认操作，效果如图3-6所示。

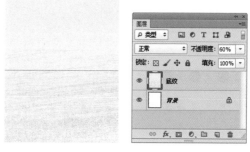

图3-4　　　　　　　　　　图3-5

图3-6

（3）按Ctrl+O组合键，打开本书学习资源中的"Ch03 > 素材 > 邀请函卡片设计 > 02"文件。选择"移动"工具，将02图片拖曳到新建的图像窗口中，效果如图3-7所示，在"图层"控制面板中生成新的图层并将其命名为"山"。单击控制面板下方的"添加图层蒙版"按钮，为图层添加蒙版，如图3-8所示。

图3-7   图3-8

（4）选择"画笔"工具，在属性栏中单击"画笔"选项右侧的按钮，弹出画笔选择面板，选择需要的画笔形状，设置如图3-9所示。在图像窗口中擦除不需要的图像，效果如图3-10所示。

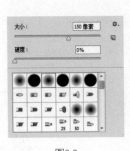

图3-9   图3-10

（5）在"图层"控制面板上方，将"山"图层的混合模式选项设为"正片叠底"，如图3-11所示，图像效果如图3-12所示。

图3-11   图3-12

（6）按Ctrl+O组合键，打开本书学习资源中的"Ch03 > 素材 > 邀请函卡片设计 > 03"文件。选择"移动"工具，将03图片拖曳到新建的图像窗口中，效果如图3-13所示，在"图层"控制面板中生成新的图层并将其命名为"鸟"。

图3-13

（7）单击"图层"控制面板下方的"创建新的填充或调整图层"按钮，在弹出的菜单中选择"色阶"命令，在"图层"控制面板生成"色阶1"图层，同时弹出"色阶"面板，设置如图3-14所示，按Enter键确认操作，图像效果如图3-15所示。

图3-14   图3-15

（8）按Shift+Ctrl+E组合键，合并可见图层。按Shift+Ctrl+S组合键，弹出"存储为"对话框，将其命名为"邀请函卡片底图"，保存为JPEG格式，单击"保存"按钮，弹出"JPEG选项"对话框，单击"确定"按钮，将图像保存。

Illustrator 应用

3.1.2 制作卡片封面

（1）按Ctrl+N组合键，新建一个文档，宽度为260mm，高度为320mm，颜色模式为CMYK，单击"确定"按钮。按Ctrl+R组合键，显示标尺。选择"选择"工具 ，在页面中拖曳一条水平参考线。选择"窗口 > 变换"命令，弹出"变换"面板，将"Y"轴选项设为16cm，如图3-16所示，按Enter键确认操作。

图3-16

（2）选择"文件 > 置入"命令，弹出"置入"对话框，选择本书学习资源中的"Ch03 > 效果 > 邀请函卡片设计 > 邀请函卡片底图.jpg"文件，单击"置入"按钮，将图片置入页面中，单击属性栏中的"嵌入"按钮，嵌入图片。选择"选择"工具 ，拖曳图片到适当的位置，效果如图3-17所示。按Ctrl+2组合键，将所选对象锁定，效果如图3-18所示。

图3-17　　　　　　　图3-18

（3）选择"椭圆"工具 ，按住Shift键的同时，在页面适当的位置绘制一个圆形，如图3-19所示。双击"渐变"工具 ，弹出"渐变"控制面板，在色带上设置2个渐变滑块，分别将渐变滑块的位置设为0、100，并设置C、M、Y、K的值分别为0（7、68、97、0）、100（61、91、100、57），其他选项的设置如图3-20所示，图形被填充为渐变色，并设置描边色为无，效果如图3-21所示。

图3-19　　　　　　　图3-20

图3-21

（4）选择"选择"工具 ，按住Alt+Shift组合键的同时，水平向右拖曳图形到适当的位置，复制图形，如图3-22所示，连续按Ctrl+D组合键，再复制出多个图形，效果如图3-23所示。圈选所需的图形，按Ctrl+G组合键，将其编组，效果如图3-24所示。

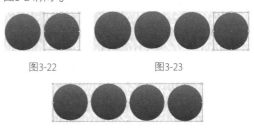

图3-22　　　　　　　图3-23

图3-24

（5）选择"文字"工具 ，在页面中适当的位置输入需要的文字。按Ctrl+T组合键，弹出

"字符"面板，选项的设置如图3-25所示，按Enter键确认操作。设置填充色为浅黄色（其C、M、Y、K的值分别为4、4、21、0），填充文字，效果如图3-26所示。

图3-25

图3-26

（6）选择"文字"工具 T，在页面中适当的位置输入需要的文字。在"字符"面板中进行设置，如图3-27所示，按Enter键确认操作，效果如图3-28所示。设置填充色为暗红色（其C、M、Y、K的值分别为55、90、79、34），填充文字，效果如图3-29所示。

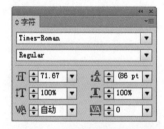

图3-27

图3-28

图3-29

（7）选择"文字"工具 T，在页面中适当的

位置输入需要的文字。在"字符"面板中进行设置，如图3-30所示，按Enter键确认操作，效果如图3-31所示。选择"选择"工具 ，向左拖曳文字框右侧中间的控制手柄，效果如图3-32所示。

图3-30

图3-31

图3-32

（8）选择"文字 > 创建轮廓"命令，将文字转换为轮廓图形，如图3-33所示。在"渐变"控制面板中的色带上设置2个渐变滑块，分别将渐变滑块的位置设为0、100，并设置C、M、Y、K的值分别为0（7、68、97、0）、100（61、91、100、57），其他选项的设置如图3-34所示，文字被填充为渐变色，效果如图3-35所示。

图3-33

图3-34

图3-35

（9）选择"对象 > 变换 > 倾斜"命令，在弹出的对话框中进行设置，如图3-36所示，单击"确定"按钮，将文字倾斜，效果如图3-37所示。

图3-36 　　　　　 图3-37

（10）选择"文字"工具 T，在页面中适当的位置输入需要的文字。在"字符"面板中进行设置，如图3-38所示，按Enter键确认操作，效果如图3-39所示。

图3-38

图3-39

（11）选择"文字 > 创建轮廓"命令，将文字转换为轮廓图形，如图3-40所示。在"渐变"控制面板中的色带上设置2个渐变滑块，

分别将渐变滑块的位置设为0、100，并设置C、M、Y、K的值分别为0（7、68、97、0）、100（61、91、100、57），其他选项的设置如图3-41所示，文字被填充为渐变色，效果如图3-42所示。

图3-40

图3-41

图3-42

（12）选择"文字"工具 T，在页面中适当的位置输入需要的文字。在"字符"面板中进行设置，如图3-43所示，按Enter键确认操作，效果如图3-44所示。

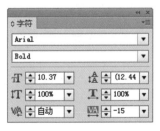

图3-43

图3-44

（13）选择"文字 > 创建轮廓"命令，将文字转换为轮廓图形，如图3-45所示。在"渐变"控制面板中的色带上设置2个渐变滑块，分别将渐变滑块的位置设为0、100，并设置C、M、Y、K的值分别为0（7、68、97、0）、100（61、91、100、57），其他选项的设置如图3-46所示，文字被填充为渐变色，效果如图3-47所示。

图3-45

图3-46

图3-47

（14）选择"钢笔"工具，在适当的位置绘制一条折线。在属性栏中将"描边粗细"选项设为4pt，按Enter键确认操作，效果如图3-48所示。选择"选择"工具，按住Alt键的同时，用鼠标向下拖曳图形到适当位置，复制图形并调整其大小，效果如图3-49所示。

图3-48

（15）设置描边色为灰色（其C、M、Y、K的值分别为49、40、38、0），填充描边，效果如图3-50所示。用相同的方法复制图形，并设置描边色为深灰色（其C、M、Y、K的值分别为67、60、67、7），填充描边，效果如图3-51所示。选择"选择"工具，圈选所需的图形，按Ctrl+G组合键，将其编组，效果如图3-52所示。

图3-49

图3-51

图3-52

图3-50

（16）选择"文字"工具，在页面中适当的位置输入需要的文字。在"字符"面板中进行设置，如图3-53所示，按Enter键确认操作。设置填充色为暗红色（其C、M、Y、K的值分别为49、100、100、28），填充文字，效果如图3-54所示。

图3-53

图3-54

（17）选择"文字"工具 T，在页面中适当的位置输入需要的文字。在"字符"面板中进行设置，如图3-55所示，按Enter键确认操作。设置填充色为暗红色（其C、M、Y、K的值分别为49、100、100、28），填充文字，效果如图3-56所示。

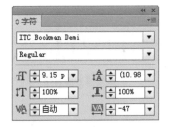

图3-55

图3-56

（18）按Ctrl+O组合键，打开本书学习资源中的"Ch03 > 素材 > 邀请函卡片设计 > 04"文件，按Ctrl+A组合键，将所有图形选取。选择"选择"工具 ，复制并将其粘贴到正在编辑的页面中，然后拖曳到适当的位置，效果如图3-57所示。设置描边色为浅灰色（其C、M、Y、K值分别为0、0、0、20），填充描边，效果如图3-58所示。连续多次按Ctrl+ [组合键，后移图形，效果如图3-59所示。

图3-57

图3-58

图3-59

（19）选择"选择"工具 ，按住Shift键的同时，选取所需的图形和文字，如图3-60所示。

按住Alt键的同时，拖曳图形和文字到适当的位置，复制图形和文字并调整其大小，效果如图3-61所示。

图3-60

图3-61

（20）选择"对象 > 变换 > 旋转"命令，在弹出的对话框中进行设置，如图3-62所示，单击"确定"按钮，使图形和文字旋转，效果如图3-63所示。用相同的方法复制文字，并调整其位置、大小及角度，效果如图3-64所示。

图3-62

图3-63

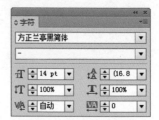
图3-64

（21）选择"文字"工具T，在页面中适当的位置输入需要的文字。在"字符"面板中进行设置，如图3-65所示，按Enter键确认操作，效果如图3-66所示。设置文字填充色为红色（其C、M、Y、K值分别为41、100、100、8），填充文字，效果如图3-67所示。

图3-65

图3-66

图3-67

（22）选择"对象 > 变换 > 旋转"命令，在弹出的对话框中进行设置，如图3-68所示，单击"确定"按钮，使文字旋转，然后将其拖曳到适当位置，效果如图3-69所示。

图3-68

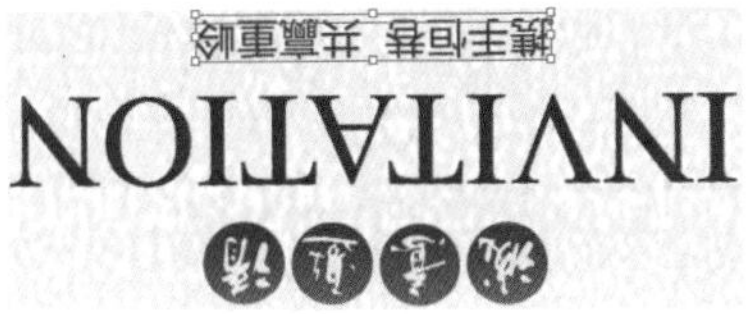

图3-69

（23）选择"文字"工具 T，在页面适当的位置输入需要的文字，选择"选择"工具 ，在属性栏中选择合适的字体并设置文字大小。设置填充色为红色（其C、M、Y、K值分别为41、100、100、8），填充文字。用相同的方法调整其位置及角度，效果如图3-70所示。

图3-70

（24）选择"椭圆"工具 ，按住Shift键的同时，在页面适当的位置绘制一个圆形。设置填充色为红色（其C、M、Y、K值分别为41、100、100、8），填充图形，并设置描边色为无，如图3-71所示。

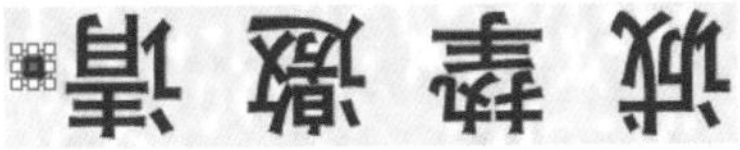

图3-71

（25）选择"选择"工具 ，按住Alt+Shift组合键的同时，水平向右拖曳图形到适当的位置，复制图形，如图3-72所示。连续按Ctrl+D组合键，再复制出多个图形，效果如图3-73所示。按住Shift键的同时，选取所需图形。按Ctrl+G组合键，将其编组，效果如图3-74所示。

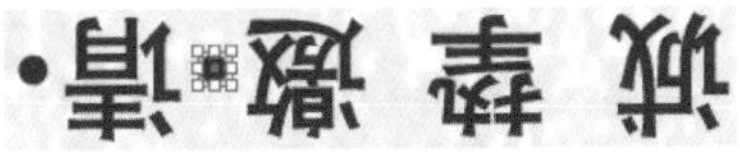

图3-72

图3-73

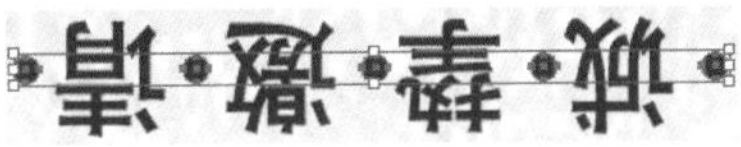

图3-74

（26）选择"矩形"工具 ，在页面中绘制一个矩形。设置填充色为无，并填充描边色为黑色。在属性栏中将"描边粗细"选项设为0.25pt，按Enter键确认操作，效果如图3-75所示。选择"文字"工具 T，在页面适当的位置输入需要的文字，选择"选择"工具 ，在属性栏中选择合适的字体并设置文字大小，效果如图3-76所示。

图3-75

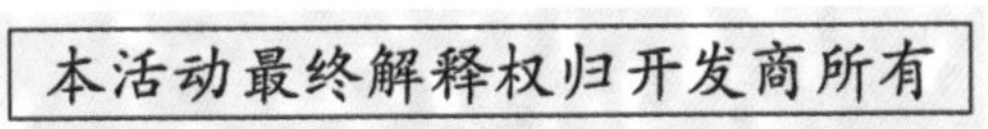

图3-76

（27）选择"对象 > 变换 > 旋转"命令，在弹出的对话框中进行设置，如图3-77所示，单击"确定"按钮，使文字旋转，然后将其拖曳到适当位置，效果如图3-78所示。邀请函卡片封面效果如图3-79所示。

图3-77

图3-78

图3-79

3.1.3 制作卡片内页

（1）选择"窗口 > 图层"命令，弹出"图层"控制面板，如图3-80所示。单击"图层"控制面板下方的"创建新图层"按钮，新建一个图层。单击"图层1"左侧的眼睛图标，隐藏该图层，如图3-81所示。

图3-80

图3-81

（2）选择"文件 > 置入"命令，弹出"置入"对话框，选择本书学习资源中的"Ch03 > 素材 > 邀请函卡片设计 > 01"文件，单击"置入"按钮，置入文件。单击属性栏中的"嵌入"按钮，嵌入图片，效果如图3-82所示。

（3）选择"矩形"工具，在页面中绘制一个矩形。设置填充色为无，并设置描边色为棕色（其C、M、Y、K值分别为56、83、100、40），填充描边。在属性栏中将"描边粗细"选

项设为0.5pt，按Enter键确认操作，效果如图3-83所示。

图3-82　　　　　　　图3-83

（4）选择"窗口 > 描边"命令，弹出"描边"面板，选项的设置如图3-84所示，按Enter键确认操作，效果如图3-85所示。

图3-84　　　　　　　图3-85

（5）按Ctrl+O组合键，打开本书学习资源中的"Ch03 > 素材 > 邀请函卡片设计 > 04"文件，按Ctrl+A组合键，将所有图形选取，复制并将其粘贴到正在编辑的页面中，然后拖曳到适当的位置，效果如图3-86所示。

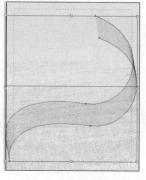

图3-86

（6）选择"窗口＞透明度"命令，弹出"透明度"面板，将"不透明度"选项设为100%，其他选项的设置如图3-87所示，按Enter键确认操作，效果如图3-88所示。设置描边色为浅黄色（其C、M、Y、K值分别为7、3、86、0），填充描边，效果如图3-89所示。

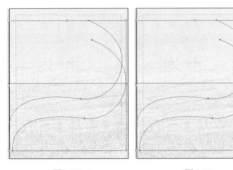

图3-87

图3-88　　　　图3-89

（7）在"图层"控制面板中，单击"图层2"左侧的眼睛图标，隐藏该图层。单击"图层1"左侧的空白图标，显示该图层。选中"图层1"，如图3-90所示。选择"选择"工具，按住Shift键的同时，选取所需的文字，如图3-91所示。按Ctrl+C组合键，复制图形。单击"图层2"左侧的空白图标，显示该图层。单击"图层1"左侧的眼睛图标，隐藏该图层。选中"图层2"，如图3-92所示。

图3-90

图3-91

图3-92

（8）按Ctrl+V组合键，粘贴文字图形。选择"选择"工具，按住Shift键的同时，等比例缩小文字图形，如图3-93所示。

图3-93

033

（9）选择"文字"工具 T，在页面中适当的位置输入需要的文字。在"字符"面板中进行设置，如图3-94所示，按Enter键确认操作。设置填充色为棕色（其C、M、Y、K值分别为55、90、79、34），填充文字，效果如图3-95所示。

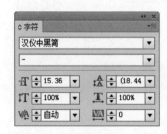

图3-94

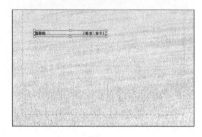

图3-95

（10）选择"直线段"工具 ，按住Shift键的同时，在页面中需要的位置绘制直线段。设置描边色为棕色（其C、M、Y、K值分别为93、88、89、80），填充描边。在属性栏中将"描边粗细"选项设为0.5pt，按Enter键确认操作，效果如图3-96所示。选择"选择"工具 ，按住Shift键的同时，将所需图形选取。按Ctrl+G组合键，将其编组，效果如图3-97所示。

尊敬的 （先生\女士）

图3-96

图3-97

（11）选择"文字"工具 T，在页面中适当的位置输入需要的文字。在"字符"面板中进行设置，如图3-98所示，按Enter键确认操作。设置填充色为棕色（其C、M、Y、K值分别为55、90、79、34），填充文字，效果如图3-99所示。

图3-98

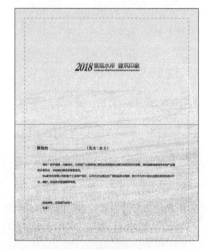

图3-99

（12）邀请函卡片制作完成。按Ctrl+S组合键，弹出"存储为"对话框，将其命名为"邀请函卡片设计"，保存为AI格式，单击"保存"按钮，将文件保存。

3.2　体操门票设计

【案例学习目标】在Illustrator中，学习使用绘图工具、文字工具和描边面板制作门票信息和副券。在Photoshop中，学习使用图层面板、变换命令和渐变工具制作门票展示效果。

【案例知识要点】在Illustrator中，使用矩形工具、钢笔工具、渐变工具和创建剪贴蒙版命令制作门票背景，使用直线段工具和描边面板添加分割线，使用文字工具输入门票信息。在Photoshop中，使用填充命令、不透明度选项和椭圆选框工具制作底图，使用置入命令、栅格化图层命令和变换命令制作门票展示效果，使用复制命令、变换命令、图层蒙版和渐变工具制作投影，使用色阶调整层和照片滤镜调整层调整图片颜色。体操门票设计效果如图3-100所示。

【效果所在位置】Ch03/效果/体操门票设计/体操门票设计.tif。

图3-100

Illustrator 应用

3.2.1　制作门票背景

（1）按Ctrl+N组合键，新建一个文档，宽度为226mm，高度为86mm，取向为横向，颜色模式为CMYK，单击"确定"按钮。选择"矩形"工具▦，在页面中绘制一个矩形，如图3-101所示。

图3-101

（2）双击"渐变"工具▦，弹出"渐变"控制面板，在色带上设置3个渐变滑块，分别将渐变滑块的位置设为0、68、100，并设置C、M、Y、K的值分别为0（0、17、34、0）、68（0、17、34、0）、100（48、65、100、27），其他选项的设置如图3-102所示，图形被填充为渐变色，并设置描边色为无，效果如图3-103所示。选择"钢笔"工具✐，在适当的位置绘制一个图形，如图3-104所示。

图3-102

图3-103

图3-104

（3）设置填充色为暗红色（其C、M、Y、K值分别为50、100、100、40），填充图形，并设置描边色为无，效果如图3-105所示。用相同的方法再绘制一个图形，如图3-106所示。设置填充色为红色（其C、M、Y、K值分别为10、100、100、0），填充图形，并设置描边色为无，效果如图3-107所示。用相同的方法绘制其他图形并填充适当的颜色，效果如图3-108所示。

图3-105

图3-106

图3-107

图3-108

（4）选择"选择"工具，选取需要的图形，按Ctrl+G组合键，将其编组，如图3-109所示。选取需要的图形，按Ctrl+C组合键，复制图形。按Ctrl+F组合键，原位粘贴图形，效果如图3-110所示。

图3-109

图3-110

（5）按Shift+Ctrl+] 组合键，将复制的图形置于顶层，如图3-111所示。按住Shift键的同时，选取编组图形，将其同时选取。按Ctrl+7组合键，创建剪贴蒙版，效果如图3-112所示。

图3-111

图3-112

3.2.2　添加门票信息

（1）选择"文字"工具，在背景图形上输入需要的文字，选择"选择"工具，在属性栏中选择合适的字体并设置文字大小，填充文字为白色，效果如图3-113所示。按Ctrl+O组合键，打开本书学习资源中的"Ch03 > 素材 > 体操门票设计 > 01"文件，按Ctrl+A组合键，全选图形，复制并将其粘贴到正在编辑的页面中，效果如图3-114所示。

第X届世界体操锦标赛开幕式

图3-113

图3-114

（2）选择"文字"工具 [T]，在背景图形上分别输入需要的文字，选择"选择"工具 [▶]，在属性栏中分别选择合适的字体并设置文字大小，设置填充色为金色（其C、M、Y、K值分别为37、60、86、0）和白色，填充文字，效果如图3-115所示。

图3-115

（3）选择"椭圆"工具 [◉]，按住Shift键的同时，在适当的位置绘制圆形。设置填充色为红色（其C、M、Y、K值分别为40、100、100、0），填充图形，并设置描边色为无，效果如图3-116所示。选择"选择"工具 [▶]，按住Alt键的同时，两次拖曳复制2个圆形，效果如图3-117所示。

图3-116

图3-117

（4）选择"直线段"工具 [/]，按住Shift键的同时，在适当的位置绘制直线段，如图3-118所示。选择"窗口 > 描边"命令，弹出"描边"面板，选项的设置如图3-119所示，按Enter键确认操作，效果如图3-120所示。

图3-118　　　　　　　　图3-119

图3-120

（5）选择"选择"工具 [▶]，选取需要的文字，按住Alt键的同时，拖曳到适当的位置进行复制，填充为黑色，效果如图3-121所示。选择"矩形"工具 [▭]，在页面中绘制一个矩形，填充为黑色，并设置描边色为无，效果如图3-122所示。

区 Region X	层 Storey 5	通道 Aisle 798	排 Row 14	座席 Seat 8

图3-121

区 Region X	层 Storey 5	通道 Aisle 798	排 Row 14	座席 Seat 8

图3-122

（6）用上述方法绘制其他矩形，填充为黑色，并设置描边色为无，效果如图3-123所示。选择"矩形"工具▣，在矩形上再绘制一个矩形，如图3-124所示。选择"选择"工具▶，用圈选的方法选取所有矩形。按Ctrl+7组合键，创建剪贴蒙版，效果如图3-125所示。

图3-123　　　　　　　　图3-124

图3-125

（7）选择"文字"工具Ｔ，在适当的位置输入需要的文字，选择"选择"工具▶，在属性栏中分别选择合适的字体并设置文字大小，效果如图3-126所示。将需要的文字和图形同时选取，选择"对象 > 变换 > 旋转"命令，弹出"旋转"对话框，选项的设置如图3-127所示，单击"确定"按钮，效果如图3-128所示。分别将其拖曳到适当的位置，效果如图3-129所示。

5 628795 412355

图3-126

图3-127

图3-128　　　　　　　　图3-129

（8）体操门票制作完成，如图3-130所示。按Ctrl+S组合键，弹出"存储为"对话框，将其命名为"体操门票设计"，保存为AI格式，单击"保存"按钮，将文件保存。

图3-130

Photoshop 应用

3.2.3 制作展示效果

（1）打开Photoshop软件，按Ctrl＋N组合键，新建一个文件，宽度为22cm，高度为18cm，分辨率为150像素/英寸，颜色模式为RGB，背景内容为白色，单击"确定"按钮。

（2）按Ctrl+O组合键，打开本书学习资源中的"Ch03 > 素材 > 体操门票设计 > 02"文件。选择"移动"工具▸╋，将02图片拖曳到新建的图像窗口中，效果如图3-131所示，在"图层"控制面板中生成新的图层并将其命名为"底图"。

图3-131

（3）新建图层并将其命名为"黑框"。将前景色设为黑色。按Alt+Delete组合键，用前景色填充图层，如图3-132所示。在"图层"控制面板上方，将该图层的"不透明度"选项设为90%，如图3-133所示，按Enter键确认操作，效果如图3-134所示。

图3-132

图3-133

图3-134

（4）选择"椭圆选框"工具 ，在属性栏中将"羽化"选项设为130像素，在图像窗口中绘制椭圆选区，如图3-135所示。按Delete键，删除选区中的图像。按Ctrl+D组合键，取消选区，效果如图3-136所示。

图3-135

图3-136

（5）选择"文件 > 置入"命令，弹出"置入"对话框，选择本书学习资源中的"Ch03 > 效果 > 体操门票设计 > 体操门票设计.ai"文件，单击"置入"按钮，弹出"置入PDF"对话框，单击"确定"按钮，置入图片。拖曳图片到适当的位置并调整其大小，按Enter键确认操作，效果如图3-137所示，在"图层"控制面板中生成新的图层"体操门票"。

图3-137

（6）在"体操门票"图层上单击鼠标右键，在弹出的菜单中选择"栅格化图层"命令，栅格化图层，如图3-138所示。按Ctrl+J组合键，复制图层，如图3-139所示。单击副本图层左侧的眼睛图标👁，隐藏该图层。

图3-138

图3-139

（7）选择"体操门票"图层。按Ctrl+T组合键，在图像周围出现变换框，按住Ctrl键的同时，分别将控制手柄拖曳到适当的位置，变换图像，按Enter键确认操作，效果如图3-140所示。显示并选中"体操门票 副本"图层。在图像窗口中用上述方法变换图像，效果如图3-141所示。

图3-140

图3-141

（8）单击"图层"控制面板下方的"添加图层蒙版"按钮🔲，为图层添加蒙版，如图3-142所示。选择"渐变"工具🔲，单击属性栏中的"点按可编辑渐变"按钮，弹出"渐变编辑器"对话框，将渐变色设为从白色到黑色，单击"确定"按钮。在图像上从右上向左下拖曳渐变色，效果如图3-143所示。

图3-142

图3-143

（9）在"图层"控制面板上方，将该图层的"不透明度"选项设为90%，如图3-144所示，按Enter键确认操作，效果如图3-145所示。

图3-144

图3-147

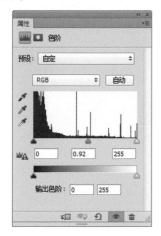

图3-145

（10）单击"图层"控制面板下方的"创建新的填充或调整图层"按钮 ，在弹出的菜单中选择"色阶"命令，在"图层"控制面板生成"色阶1"图层，同时弹出"色阶"面板，设置如图3-146所示，按Enter键确认操作，图像效果如图3-147所示。

（11）单击"图层"控制面板下方的"创建新的填充或调整图层"按钮 ，在弹出的菜单中选择"照片滤镜"命令，在"图层"控制面板生成"照片滤镜1"图层，同时弹出"照片滤镜"面板，设置如图3-148所示，按Enter键确认操作，图像效果如图3-149所示。

图3-148

图3-146

图3-149

（12）按Shift+Ctrl+E组合键，合并可见图层。按Shift+Ctrl+S组合键，弹出"存储为"对话框，将其命名为"体操门票设计"，保存图像为TIFF格式，单击"保存"按钮，弹出"TIFF选项"对话框，单击"确定"按钮，将图像保存。

【**习题知识要点**】在Photoshop中，使用新建参考线命令添加参考线，使用矩形工具、变换命令和不透明度选项制作底纹，使用矩形工具、移动工具和剪贴蒙版制作封面主体图片。在Illustrator中，使用文字工具添加折页信息，使用描边面板制作文字描边，使用符号库添加标志图形，使用效果命令添加投影，使用矩形工具、钢笔工具和画笔工具制作装饰图形。饭店折页设计效果如图3-150所示。

【**效果所在位置**】Ch03/效果/饭店折页设计/饭店折页设计.ai。

图3-150

第 *4* 章

UI设计

本章介绍

　　UI（User Interface）设计，即用户界面设计，主要包括人机交互、操作逻辑和界面美观的整体设计。随着信息技术的高速发展，用户对信息的需求量不断增加，图形界面的设计也越来越多样化。本章以旅游APP设计为例，讲解旅游APP的设计方法和制作技巧。

学习目标

◆ 掌握在Illustrator软件中制作旅游APP界面和旅游APP登录界面的方法。

◆ 掌握在Photoshop软件中制作旅游APP网页广告的技巧。

【案例学习目标】在Illustrator中，学习使用绘图工具和路径查找器面板制作APP图标，使用文字工具添加相关文字。在Photoshop中，学习使用多种调整命令调整图片颜色，使用椭圆选框工具、描边命令和外发光命令制作圆环。

【案例知识要点】在Illustrator中，使用置入命令添加素材图片，使用绘图工具、路径查找器面板和文字工具制作APP图标。在Photoshop中，使用高斯模糊滤镜命令为图片添加模糊效果，使用多种调整命令调整图片颜色，使用变换命令和图层控制面板编辑素材图片，使用横排文字工具添加相关信息，使用图层样式为文字添加投影。旅游APP设计效果如图4-1所示。

【效果所在位置】Ch04/效果/旅游APP设计/旅游APP界面.ai、旅游APP登录界面.ai、旅游APP网页广告.psd。

图4-1

Illustrator 应用

4.1.1 制作旅游APP界面

（1）打开Illustrator软件，按Ctrl+N组合键，新建一个文档，设置文档的宽度为210mm，高度为297mm，取向为竖向，颜色模式为CMYK，单击"确定"按钮。

（2）选择"矩形"工具▢，在适当的位置拖曳鼠标绘制一个矩形。设置填充色为蓝色（其C、M、Y、K的值分别为54、1、18、0），填充图形，并设置描边色为无，效果如图4-2所示。

图4-2

（3）选择"文件 > 置入"命令，弹出"置入"对话框，选择本书学习资源中的"Ch04 > 素材 > 旅游APP设计 > 01"文件，单击"置入"按钮，将图片置入页面中，单击属性栏中的"嵌入"按钮，嵌入图片。选择"选择"工具▶，拖曳图片到适当的位置并调整其大小，效果如图4-3所示。

图4-3

（4）选择"矩形"工具▣，在适当的位置拖曳鼠标绘制一个矩形。设置填充色为浅灰色（其C、M、Y、K的值分别为0、0、0、10），填充图形，并设置描边色为无，效果如图4-4所示。

图4-4

（5）选择"文件 > 置入"命令，弹出"置入"对话框，选择本书学习资源中的"Ch04 > 素材 > 旅游APP设计 > 02"文件，单击"置入"按钮，将图片置入页面中，单击属性栏中的"嵌入"按钮，嵌入图片。选择"选择"工具▶，拖曳图片到适当的位置并调整其大小，效果如图4-5所示。

图4-5

（6）选择"矩形"工具▣，在适当的位置拖曳鼠标绘制一个矩形。设置填充色为蓝黑色（其C、M、Y、K的值分别为78、68、57、17），填充图形，并设置描边色为无，效果如图4-6所示。

图4-6

（7）选择"文字"工具Ｔ，在适当的位置分别输入需要的文字，选择"选择"工具▶，在属性栏中分别选择合适的字体并设置文字大小。将输入的文字同时选取，填充为白色，效果如图4-7所示。

图4-7

（8）选择"椭圆"工具◉，按住Shift键的同时，在适当的位置绘制一个圆形。填充图形为白色，并设置描边色为无，效果如图4-8所示。

图4-8

（9）选择"选择"工具▶，按住Alt+Shift组合键的同时，水平向右拖曳圆形到适当的位置，复制图形，效果如图4-9所示。按Ctrl+D组合键，再复制出一个圆形，填充为黑色，效果如图4-10所示。

图4-9

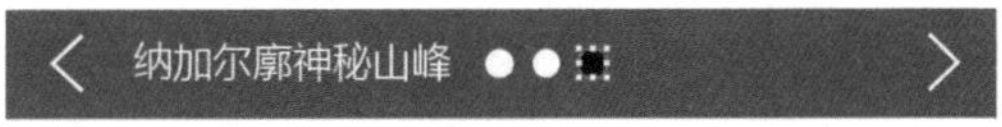

图4-10

（10）选择"椭圆"工具◉，按住Shift键的同时，在适当的位置绘制一个圆形，如图4-11所示。设置填充色为天蓝色（其C、M、Y、K的值分别为58、8、13、0），填充图形，并设置描边色为无，效果如图4-12所示。

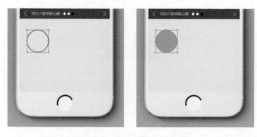

图4-11   图4-12

（11）选择"圆角矩形"工具▢，在页面外单击鼠标左键，弹出"圆角矩形"对话框，选项的设置如图4-13所示，单击"确定"按钮，出现一个圆角矩形，效果如图4-14所示。

图4-13

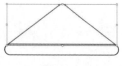

图4-14

（12）选择"钢笔"工具✐，在适当的位置绘制一个不规则闭合图形，如图4-15所示。选择"矩形"工具▢，在适当的位置拖曳鼠标绘制一个矩形，如图4-16所示。

图4-15   图4-16

（13）选择"矩形"工具▢，在适当的位置分别绘制矩形，如图4-17所示。选择"选择"工具▶，用圈选的方法将所有绘制的图形同时选取。选择"窗口 > 路径查找器"命令，弹出"路径查找器"面板，单击"联集"按钮▣，如图4-18所示，生成新的对象，效果如图4-19所示。

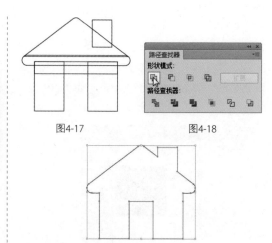

图4-17   图4-18

图4-19

（14）选择"选择"工具▶，拖曳图形到页面中适当的位置并调整其大小，填充图形为白色，并设置描边色为无，效果如图4-20所示。

（15）选择"文字"工具T，在适当的位置输入需要的文字，选择"选择"工具▶，在属性栏中选择合适的字体并设置文字大小，填充文字为白色，效果如图4-21所示。

图4-20   图4-21

（16）选择"选择"工具▶，按住Shift键的同时，单击下方图形将其同时选取，如图4-22所示。按住Alt+Shift组合键的同时，垂直向下拖曳图形到适当的位置，复制图形，效果如图4-23所示。

图4-22   图4-23

（17）选择"选择"工具▣，选取下方圆形，设置填充色为蓝黑色（其C、M、Y、K的值分别为78、68、57、17），填充图形，效果如图4-24所示。选择"文字"工具▣，选取文字"公司简介"，输入需要的文字，效果如图4-25所示。

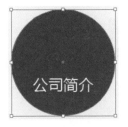

图4-24　　　　　　　　图4-25

（18）选择"椭圆"工具▣，按住Shift键的同时，在适当的位置绘制一个圆形，如图4-26所示。按Ctrl+C组合键，复制图形。按Ctrl+F组合键，将复制的图形粘贴在前面。选择"选择"工具▣，按住Alt+Shift组合键的同时，拖曳右上角的控制手柄，等比例缩小图形，如图4-27所示。

图4-26　　　　　　　　图4-27

（19）选择"直接选择"工具▣，向下拖曳需要的锚点到适当的位置，效果如图4-28所示。分别拖曳左右控制线到适当的位置，调整圆形弧度，效果如图4-29所示。

图4-28　　　　　　　　图4-29

（20）选择"选择"工具▣，按住Shift键的同时，单击小圆将其同时选取，如图4-30所示。按Ctrl+8组合键，建立复合路径。填充图形为白色，并设置描边色为无，效果如图4-31所示。使用相同的方法制作其他APP图标，效果如图4-32所示。

图4-30　　　　　　　　图4-31

图4-32

（21）旅游APP界面制作完成。按Ctrl+S组合键，弹出"存储为"对话框，将其命名为"旅游APP界面"，保存为AI格式，单击"保存"按钮，将文件保存。

4.1.2　制作旅游APP登录界面

（1）按Ctrl+O组合键，打开本书学习资源中的"Ch04 > 效果 > 旅游APP设计 > 旅游APP界面.ai"文件，选择"选择"工具▣，选取不需要的图形和文字，如图4-33所示。按Delete键，将其删除，如图4-34所示。选取下方的矩形，向上拖曳上边中间的控制手柄到适当的位置，调整其大小。设置填充色为淡蓝色（其C、M、Y、K的值分别为35、0、0、0），填充图形，效果如图4-35所示。

（2）选择"椭圆"工具▣，按住Shift键的同时，在适当的位置绘制一个圆形。填充图形为白色，并设置描边色为无，效果如图4-36所示。

图4-33　　　　　　　　图4-34

图4-35　　　　　　　　图4-36

（3）选择"矩形"工具▣，在适当的位置绘制一个矩形。设置填充色为红色（其C、M、Y、K的值分别为0、90、85、0），填充图形，并设置描边色为无，效果如图4-37所示。

图4-37

（4）选择"选择"工具▶，按Ctrl+C组合键，复制图形。按Ctrl+F组合键，将复制的图形粘贴在前面。向下拖曳上边中间的控制手柄到

适当的位置，调整其大小。设置填充色为深蓝色（其C、M、Y、K的值分别为82、73、62、30），填充图形，效果如图4-38所示。

图4-38

（5）选择"圆角矩形"工具▣，在页面中单击鼠标左键，弹出"圆角矩形"对话框，选项的设置如图4-39所示，单击"确定"按钮，生成圆角矩形。选择"选择"工具▶，拖曳圆角矩形到适当的位置，效果如图4-40所示。

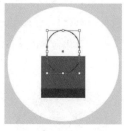

图4-39　　　　　　　　图4-40

（6）保持图形选取状态。选择"对象 > 变换 > 缩放"命令，在弹出的"比例缩放"对话框中进行设置，如图4-41所示，单击"复制"按钮，效果如图4-42所示。

图4-41　　　　　　　　图4-42

（7）选择"选择"工具▶，按住Shift键的同

时，单击原图形将其同时选取，如图4-43所示。在"路径查找器"面板中单击"减去顶层"按钮 🔳，如图4-44所示，生成新的对象，效果如图4-45所示。

图4-43

图4-44

图4-45

（8）保持图形选取状态。设置填充色为浅灰色（其C、M、Y、K的值分别为0、0、0、10），填充图形，并设置描边色为无，效果如图4-46所示。连续按Ctrl+[组合键，后移图形，效果如图4-47所示。

图4-46

图4-47

（9）选择"矩形"工具 🔲，在适当的位置拖曳鼠标绘制一个矩形。填充图形为白色，并设置描边色为无，效果如图4-48所示。

（10）选择"选择"工具 ▶，按Ctrl+C组合键，复制图形。按Ctrl+F组合键，将复制的图形粘贴在前面。向右拖曳左侧中间的控制手柄到适当的位置，调整其大小。设置填充色为蓝色（其

C、M、Y、K的值分别为54、1、18、0），填充图形，并设置描边色为无，效果如图4-49所示。

图4-48

图4-49

（11）选择"椭圆"工具 ⬭，在适当的位置分别绘制椭圆形。选择"选择"工具 ▶，将所绘制的椭圆形同时选取。填充图形为白色，并设置描边色为无，效果如图4-50所示。

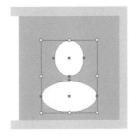

图4-50

（12）选择"直接选择"工具 ▷，选取不需要的锚点，如图4-51所示。按Delete键将其删除，效果如图4-52所示。

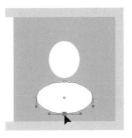

图4-51

图4-52

（13）选择"选择"工具 ![selection tool icon]，选取上方的圆形。按住Alt+Shift组合键的同时，垂直向下拖曳图形到适当的位置，复制图形，效果如图4-53所示。按住Shift键的同时，单击下方图形将其同时选取，如图4-54所示。在"路径查找器"面板中单击"减去顶层"按钮 ![button icon]，生成新的对象，效果如图4-55所示。

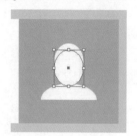

图4-53

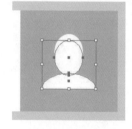

图4-54   图4-55

（14）选择"文字"工具 ![text tool icon]，在适当的位置输入需要的文字，选择"选择"工具 ![selection tool icon]，在属性栏中选择合适的字体并设置文字大小，效果如图4-56所示。

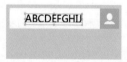

图4-56

（15）选择"选择"工具 ![selection tool icon]，按住Shift键的同时，选取需要的图形。按住Alt+Shift组合键的同时，垂直向下拖曳图形到适当的位置，复制图形，效果如图4-57所示。

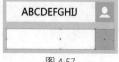

图 4-57

（16）选择"椭圆"工具 ![ellipse tool icon]，按住Shift键的同时，在适当的位置绘制一个圆形。设置填充色为深黑色（其C、M、Y、K的值分别为0、0、0、85），填充图形，并设置描边色为无，效果如图4-58所示。

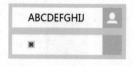

图4-58

（17）选择"选择"工具 ![selection tool icon]，按住Alt+Shift组合键的同时，水平向右拖曳圆形到适当的位置，复制图形，效果如图4-59所示。连续按Ctrl+D组合键，按需要再复制出多个圆形，效果如图4-60所示。

图4-59   图4-60

（18）选择"选择"工具 ![selection tool icon]，按住Shift键的同时，选取需要的图形，如图4-61所示。按住Alt键的同时，向下拖曳到适当的位置，复制图形，并调整其大小，效果如图4-62所示。

图4-61

图4-62

（19）在"路径查找器"面板中单击"联

集"按钮 ![icon]，如图4-63所示，生成新的对象，效果如图4-64所示。

图4-63　　　　图4-64

（20）选择"矩形"工具 ![icon]，在适当的位置拖曳鼠标绘制一个矩形。设置填充色为红色（其C、M、Y、K的值分别为0、90、85、0），填充图形，并设置描边色为无，效果如图4-65所示。

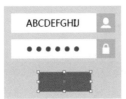

图4-65

（21）选择"文字"工具 ![icon]，在适当的位置输入需要的文字，选择"选择"工具 ![icon]，在属性栏中选择合适的字体并设置文字大小，填充文字为白色，效果如图4-66所示。

图4-66

（22）旅游APP登录界面制作完成。按Shift+Ctrl+S组合键，弹出"存储为"对话框，将其命名为"旅游APP登录界面"，保存为AI格式，单击"保存"按钮，将文件保存。

Photoshop 应用

4.1.3　制作旅游APP网页广告

（1）打开Photoshop软件，按Ctrl＋N组合键，新建一个文件，宽度为67.7cm，高度为

17.6cm，分辨率为300像素/英寸，颜色模式为RGB，背景内容为白色，单击"确定"按钮。

（2）按Ctrl＋O组合键，打开本书学习资源中的"Ch04 > 素材 > 旅游APP设计 > 02"文件，选择"移动"工具 ![icon]，将图片拖曳到图像窗口中适当的位置，并调整其大小，效果如图4-67所示，在"图层"控制面板中生成新的图层并将其命名为"图片"。

图4-67

（3）选择"滤镜 > 模糊 > 高斯模糊"命令，在弹出的对话框中进行设置，如图4-68所示，单击"确定"按钮，效果如图4-69所示。

图4-68

图4-69

（4）将"图片"图层拖曳到"图层"控制面板下方的"创建新图层"按钮 ![icon] 上进行复制，生成新的图层"图片 副本"，如图4-70所示。按Ctrl+T组合键，在图像周围出现变换框，单击鼠标右键，在弹出的菜单中选择"水平翻转"命令，水平翻转图像，并拖曳到适当的位置，按Enter键确认操作，效果如图4-71所示。

图4-70

图4-71

（5）单击"图层"控制面板下方的"创建新的填充或调整图层"按钮，在弹出的菜单中选择"色彩平衡"命令，在"图层"控制面板中生成"色彩平衡1"图层，同时弹出"色彩平衡"面板，设置如图4-72所示，按Enter键确认操作，效果如图4-73所示。

图4-72

图4-73

（6）单击"图层"控制面板下方的"创建新的填充或调整图层"按钮，在弹出的菜单中选择"曲线"命令，在"图层"控制面板中生成"曲线1"图层，同时弹出"曲线"面板，在曲线上单击鼠标添加控制点，将"输入"选项设为

208，"输出"选项设为102，如图4-74所示，按Enter键确认操作，效果如图4-75所示。

图4-74

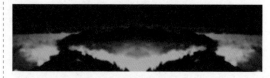

图4-75

（7）将前景色设为黑色。选择"画笔"工具，在属性栏中单击"画笔"选项右侧的按钮，弹出画笔选择面板，选择需要的画笔形状，设置如图4-76所示。在属性栏中将"不透明度"选项设为60%，在图像窗口中拖曳鼠标擦除不需要的图像，效果如图4-77所示。

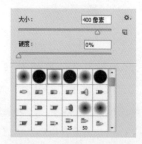

图4-76

图4-77

（8）在"图层"控制面板上方，将"曲线1"图层的"不透明度"选项设为51%，如图4-78所示，按Enter键确认操作，图像效果如图4-79所示。

图4-78

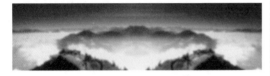

图4-79

（9）单击"图层"控制面板下方的"创建新的填充或调整图层"按钮 ⊘. ，在弹出的菜单中选择"色阶"命令，在"图层"控制面板中生成"色阶1"图层，同时弹出"色阶"面板，设置如图4-80所示，按Enter键确认操作，效果如图4-81所示。

图4-80

图4-81

（10）新建图层并将其命名为"星星"。将前景色设为深灰色（其R、G、B的值分别为186、195、210）。选择"画笔"工具 ✐. ，在属性栏中单击"切换画笔面板"按钮 🗓 ，弹出"画笔"控制面板，选择"画笔笔尖形状"选项，切换到相应的面板，设置如图4-82所示；选择"形状动态"选项，切换到相应的面板，设置如图4-83所示；选择"散布"选项，切换到相应的面板，设置如图4-84所示。在图像窗口中拖曳鼠标绘制星形，效果如图4-85所示。

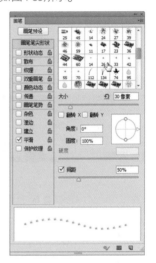

图4-82

图4-83

图4-84

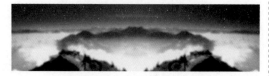

图4-85

（11）在"图层"控制面板上方，将"星星"图层的混合模式选项设为"滤色"，"不透明度"选项设为89%，如图4-86所示，按Enter键确认操作，图像效果如图4-87所示。

图4-86

图4-87

（12）选择"椭圆选框"工具，按住Shift键的同时，在图像窗口中拖曳鼠标绘制圆形选区，效果如图4-88所示。

图4-88

（13）将前景色设为白色。选择"编辑 > 描边"命令，弹出"描边"对话框，选项的设置如图4-89所示，单击"确定"按钮。按Ctrl+D组合键，取消选区，效果如图4-90所示。

图4-89

图4-90

（14）单击"图层"控制面板下方的"添加图层样式"按钮，在弹出的菜单中选择"外发光"命令，弹出对话框，将发光颜色设为蓝紫色（其R、G、B的值分别为83、115、255），其他选项的设置如图4-91所示，单击"确定"按钮，效果如图4-92所示。

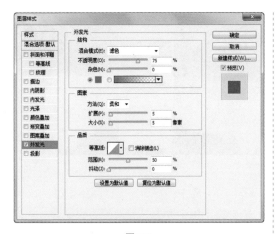

图4-91

图4-92

（15）按Ctrl＋O组合键，打开本书学习资源中的"Ch04 > 效果 > 旅游APP设计 > 旅游APP界面.ai"文件，选择"选择"工具，选取需要的图形和文字。按Ctrl+C组合键，复制图形和文字。返回正在编辑的Photoshop图像窗口中，按Ctrl+V组合键，弹出"复制"对话框，单击"确定"按钮，粘贴为智能对象，并调整其大小，按Enter键确认操作，效果如图4-93所示，在"图层"控制面板中生成新的图层并将其命名为"旅游APP界面"。

图4-93

（16）按Ctrl+J组合键，生成新的副本图层。按Ctrl+T组合键，在图像周围出现变换框，将鼠标指针放在变换框的控制手柄外边，鼠标指针变为旋转图标，拖曳鼠标将图像旋转到适当的角度，按Enter键确认操作，效果如图4-94所示。

图4-94

（17）在"图层"控制面板上方，将"旅游APP界面 副本"图层的"填充"选项设为45%，如图4-95所示，按Enter键确认操作，图像效果如图4-96所示。

图4-95

图4-96

（18）按Ctrl+J组合键，再次生成新的副本图层，如图4-97所示。按Ctrl+T组合键，在图像周围出现变换框，单击鼠标右键，在弹出的菜单中选择"水平翻转"命令，水平翻转图像，并拖曳到适当的位置，按Enter键确认操作，效果如图4-98所示。

图4-97

图4-98

（19）在"图层"控制面板中，按住Shift键的同时，单击"旅游APP界面 副本"图层，将两个副本图层同时选取，拖曳到"旅游APP界面"图层的下方，如图4-99所示，图像效果如图4-100所示。

图4-99

图4-100

（20）选中"旅游APP界面"图层。选择"横排文字"工具 T，在适当的位置输入需要的文字并选取文字，在属性栏中选择合适的字体并设置文字大小。按Alt+→组合键，调整文字间距，效果如图4-101所示，在"图层"控制面板中生成新的文字图层。

图4-101

（21）单击"图层"控制面板下方的"添加图层样式"按钮 fx，在弹出的菜单中选择"投影"命令，在弹出的对话框中进行设置，如图4-102所示，单击"确定"按钮，效果如图4-103所示。

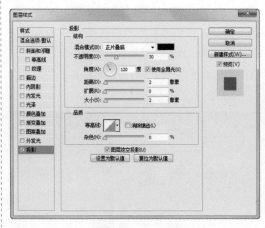

图4-102

图4-103

（22）选择"横排文字"工具 T，在适当的位置输入需要的文字并选取文字，在属性栏中选择合适的字体并设置大小，按Alt+↑组合键，调整文字行距，效果如图4-104所示，在"图层"控制面板中生成新的文字图层。

图4-104

（23）在"纳加尔廓神秘山峰"文字图层上单击鼠标右键，在弹出的菜单中选择"拷贝图层样式"命令，拷贝图层样式。在"公司简介……一键拨号"图层上单击鼠标右键，在弹出的菜单中选择"粘贴图层样式"命令，粘贴图层样式，效果如图4-105所示。

图4-105

（24）将前景色设为粉红色（其R、G、B的值分别为233、86、110）。选择"圆角矩形"工具 ，在属性栏的"选择工具模式"选项中选择"形状"，将"半径"选项设为5px，在图像窗

口中拖曳鼠标绘制一个圆角矩形，效果如图4-106所示，在"图层"控制面板中生成新的图层"圆角矩形"。

图4-106

（25）将前景色设为白色。选择"横排文字"工具 T，在适当的位置输入需要的文字并选取文字，在属性栏中选择合适的字体并设置大小。按Alt+→组合键，调整文字间距，效果如图4-107所示，在"图层"控制面板中生成新的文字图层。

图4-107

（26）在"免费开通"图层上单击鼠标右键，在弹出的菜单中选择"粘贴图层样式"命令，效果如图4-108所示。

图4-108

（27）按Ctrl+S组合键，弹出"存储为"对话框，将其命名为"旅游APP网页广告"，保存图像为psd格式，单击"保存"按钮，弹出"Photoshop格式选项"对话框，单击"确定"按钮，将图像保存。

4.2 课后习题——手机界面设计

【习题知识要点】在Photoshop中，使用填充命令和不透明度选项制作开机界面底图，使用横排文字工具和椭圆工具添加开机界面文字，使用矩形工具、钢笔工具和文本工具绘制时间信息，使用矩形工具、椭圆工具和文本工具制作界面上部信息，使用矩形工具、移动工具和剪贴蒙版命令添加界面图片，使用矩形工具和文本工具制作电话界面。手机界面设计效果如图4-109所示。

【效果所在位置】Ch04/效果/手机界面设计/手机界面设计.psd。

图4-109

第 5 章

书籍装帧设计

本章介绍

　　精美的书籍装帧设计可以带给读者更多的阅读乐趣。一本好书是好的内容和好的书籍装帧的完美结合。本章主要讲解的是书籍的封面设计。封面设计包括书名、色彩、装饰元素，以及作者和出版社名称等内容。本章以散文诗书籍封面和旅游书籍封面设计为例，讲解封面的设计方法和制作技巧。

学习目标

◆ 掌握在Illustrator软件中添加书籍相关内容和出版信息的方法。

◆ 掌握在Photoshop软件中制作书籍封面立体效果的技巧。

【案例学习目标】在Illustrator中，学习使用参考线分割页面，使用透明度控制面板编辑图像，使用文字工具添加相关内容和出版信息。在Photoshop中，学习使用变换命令和图层样式制作立体效果。

【案例知识要点】在Illustrator中，使用矩形工具、透明度控制面板和渐变工具制作封面背景，使用椭圆工具和钢笔工具绘制装饰图形，使用文字工具和字符面板添加书名及相关信息。在Photoshop中，使用矩形选框工具、移动工具和变换命令制作立体效果书籍，使用载入选区命令、填充命令和不透明度选项制作书脊暗部，使用图层样式添加投影。散文诗书籍封面设计效果如图5-1所示。

【效果所在位置】Ch05/效果/散文诗书籍封面设计/散文诗书籍封面设计.psd。

图5-1

Illustrator 应用

5.1.1　制作封面效果

（1）打开Illustrator软件，按Ctrl+N组合键，新建一个文档，设置文档的宽度为358mm，高度为239mm，取向为横向，颜色模式为CMYK，单击"确定"按钮。

（2）按Ctrl+R组合键，显示标尺。选择"选择"工具 ，在页面中拖曳一条垂直参考线。选择"窗口 > 变换"命令，弹出"变换"面板，将"X"轴选项设为16.9cm，如图5-2所示，按Enter键确认操作，效果如图5-3所示。保持参考线的选取状态，在"变换"面板中将"X"轴选项设为18.9cm，按Alt+Enter组合键，确认操作，效果如图5-4所示。

图5-2

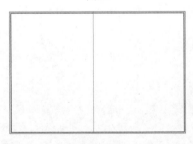

图5-3

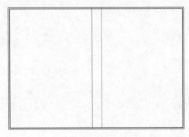

图5-4

（3）选择"矩形"工具▣，在页面中绘制一个
与页面大小相等的矩形，如图5-5所示。设置填充色
为浅绿色（其C、M、Y、K值分别为22、0、12、0），
填充图形，并设置描边色为无，效果如图5-6所示。

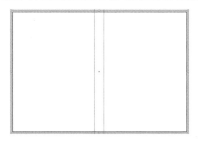

图5-5

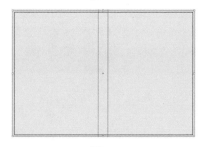

图5-6

（4）选择"文件 > 置入"命令，弹出"置
入"对话框，选择本书学习资源中的"Ch05 > 素
材 > 散文诗书籍封面设计 > 01"文件，单击"置
入"按钮，将图片置入页面中，单击属性栏中的
"嵌入"按钮，嵌入图片。选择"选择"工具▶，
拖曳图片到适当的位置并调整其大小，效果如图
5-7所示。

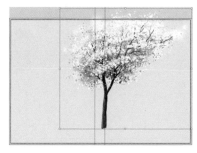

图5-7

（5）选择"窗口 > 透明度"命令，弹出
"透明度"面板，单击"制作蒙版"按钮，取消
勾选"剪切"复选框，如图5-8所示。

图5-8

（6）单击"编辑不透明度蒙版"图标，如图
5-9所示，选择"矩形"工具▣，在页面中适当
的位置绘制矩形，如图5-10所示。

图5-9

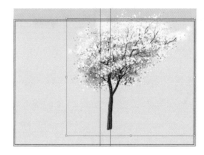

图5-10

（7）双击"渐变"工具▣，弹出"渐变"
控制面板，在色带上设置2个渐变滑块，分别将
渐变滑块的位置设为24、100，并设置C、M、Y、
K的值分别为24（0、0、0、0）、100（0、0、0、
100），其他选项的设置如图5-11所示，图形被填
充为渐变色，并设置描边色为无。在页面中调整
渐变，效果如图5-12所示。

图5-11

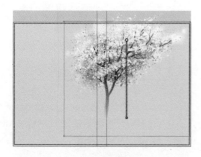

图5-12

（8）单击"停止编辑不透明蒙版"图标，如图5-13所示，图像效果如图5-14所示。选择"选择"工具 ，按Ctrl+C组合键，复制图像。按Ctrl+F组合键，复制并粘贴在图像前方，如图5-15所示。在"透明度"面板中将混合模式选项设为"变亮"，如图5-16所示。

图5-13

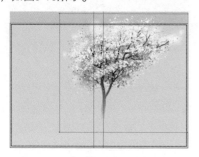

图5-14

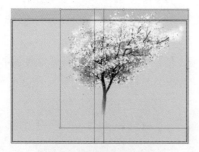

图5-15

图5-16

（9）按住Shift键的同时，在页面中调整图像大小，效果如图5-17所示。按Ctrl+ [组合键，后移图像，效果如图5-18所示。

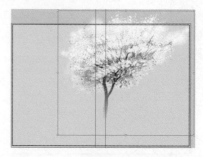

图5-17

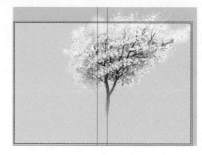

图5-18

（10）选择"椭圆"工具 ，按住Shift键的同时，在页面适当的位置绘制一个圆形，如图5-19所示。设置填充色为桃红色（其C、M、Y、K的值分别为18、47、20、0），填充圆形，并设置描边色为无，效果如图5-20所示。

图5-19

图5-20

（11）选择"选择"工具 ，按住Alt键的同时，拖曳圆形到适当的位置，复制圆形。设置填充色为粉红色（其C、M、Y、K的值分别为3、

33、9、0），填充圆形，效果如图5-21所示。

（12）选择"直排文字"工具 $\boxed{IT}$，在页面适当的位置输入需要的文字，选择"选择"工具 $\boxed{\blacktriangleright}$，在属性栏中选择合适的字体并设置文字大小，填充为白色，效果如图5-22所示。

图5-21　　　　　　　图5-22

（13）用相同的方法绘制圆形，并填充适当的颜色，效果如图5-23所示。选择"钢笔"工具 $\boxed{\diagdown}$，在适当的位置绘制一个图形。设置填充色为粉红色（其C、M、Y、K的值分别为3、33、9、0），填充图形，并设置描边色为无，效果如图5-24所示。

图5-23　　　　　　　图5-24

（14）选择"文字"工具 $\boxed{T}$，在页面适当的位置分别输入需要的文字，选择"选择"工具 $\boxed{\blacktriangleright}$，在属性栏中分别选择合适的字体并设置文字大小，效果如图5-25所示。选择"直线段"工具 $\boxed{\diagup}$，按住Shift键的同时，在适当的位置绘制直线段。设置描边色为粉红色（其C、M、Y、K的值

分别为3、33、9、0），填充描边。在属性栏中将"描边粗细"选项设为3pt，按Enter键确认操作，效果如图5-26所示。

图5-25　　　　　　　图5-26

（15）选择"文字"工具 $\boxed{T}$，在页面中适当的位置输入需要的文字。选择"窗口 > 文字 > 字符"命令，在弹出的面板中进行设置，如图5-27所示，按Enter键确认操作。设置填充色为灰色（其C、M、Y、K的值分别为0、0、0、60），填充文字，效果如图5-28所示。

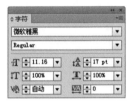 

图5-27　　　　　　　图5-28

（16）选择"矩形"工具 $\boxed{\blacksquare}$，在页面中适当的位置绘制矩形。设置填充色为无，设置描边色为粉红色（其C、M、Y、K的值分别为3、33、9、0），填充描边。在属性栏中将"描边粗细"选项设为1pt，按Enter键确认操作，效果如图5-29所示。再绘制一个矩形，设置填充色为粉红色（其C、M、Y、K的值分别为3、33、9、0），填充图形，并设置描边色为无，效果如图5-30所示。

图5-29　　　　　　　图5-30

（17）选择"文字"工具 T，在页面中适当的位置输入需要的文字。在"字符"面板中进行设置，如图5-31所示，按Enter键确认操作。设置填充色为粉色（其C、M、Y、K的值分别为0、35、0、0），填充文字，效果如图5-32所示。

图5-31　　　　　图5-32

（18）选择"文字"工具 T，在页面中适当的位置输入并选取需要的文字，在属性栏中选择合适的字体并分别设置文字大小。在"字符"面板中进行设置，如图5-33所示，按Enter键确认操作。设置填充色为深粉色（其C、M、Y、K的值分别为0、63、0、0），填充文字，效果如图5-34所示。

图5-33　　　　　图5-34

（19）选择"直排文字"工具 T，在页面适当的位置输入需要的文字。在"字符"面板中进行设置，如图5-35所示，按Enter键确认操作，效果如图5-36所示。

图5-35　　　　　图5-36

5.1.2　制作封底和书脊

（1）选择"选择"工具 ，按住Shift键的同

时，将需要的图形和文字同时选取。按住Alt键的同时，将选取的图形和文字拖曳到适当的位置，并调整其大小，效果如图5-37所示。选择"矩形"工具 ，在页面中适当的位置绘制矩形。填充图形为白色，并设置描边色为无，效果如图5-38所示。

图5-37

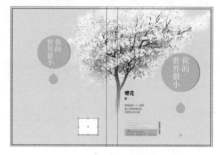

图5-38

（2）按Ctrl+O组合键，打开本书学习资源中的"Ch05 > 素材 > 散文诗书籍封面设计 > 02"文件。按Ctrl+A组合键，将所有图形选取，复制并将其粘贴到正在编辑的页面中。选择"选择"工具 ，将其拖曳到适当的位置，效果如图5-39所示。

图5-39

（3）选择"文字"工具 T，在页面适当的位置分别输入需要的文字，选择"选择"工具 ，在属性栏中分别选择合适的字体并设置文

字大小，效果如图5-40所示。

ISSM 998-66-504-8856

定价：45.00元

图5-40

（4）选择"矩形"工具，在页面中适当的位置绘制矩形。设置填充色为粉红色（其C、M、Y、K的值分别为3、33、9、0），填充图形，并设置描边色为无，效果如图5-41所示。选择"对象 > 变换 > 倾斜"命令，在弹出的对话框中进行设置，如图5-42所示，单击"确定"按钮，效果如图5-43所示。

图5-41

图5-42   图5-43

（5）选择"文字"工具，在页面适当的位置分别输入需要的文字，选择"选择"工具，在属性栏中分别选择合适的字体并设置文字大小，分别填充为白色或黑色，效果如图5-44所示。散文诗书籍封面制作完成，效果如图5-45所示。

图5-44   图5-45

（6）按Ctrl+S组合键，弹出"存储为"对话框，将其命名为"散文诗书籍封面"，保存为AI格式，单击"保存"按钮，将文件保存。

Photoshop 应用

5.1.3 制作封面立体效果

（1）打开Photoshop软件，按Ctrl＋O组合键，打开本书学习资源中的"Ch05 > 素材 > 散文诗书籍封面设计 > 01、03"文件，选择"移动"工具，将01图片拖曳到03图像窗口中适当的位置，效果如图5-46所示，在"图层"控制面板中生成新的图层并将其命名为"树"。

（2）按Ctrl+T组合键，在图像周围生成变换框，在变换框中单击鼠标右键，在弹出的菜单中选择"水平翻转"命令，水平翻转图像，拖曳到适当的位置，按Enter键确认操作，效果如图5-47所示。

图5-46   图5-47

（3）按Ctrl+O组合键，打开本书学习资源中的"Ch05 > 效果 > 散文诗书籍封面设计 >散文诗书籍封面"文件，单击"打开"按钮。弹出"导入PDF"对话框，单击"确定"按钮，打开图像。选择"矩形选框"工具，在适当的位置绘制矩形选区，如图5-48所示。

图5-48

（4）选择"移动"工具，将选区中的图像拖曳到适当的位置，效果如图5-49所示，在"图层"控制面板中生成新的图层。按Ctrl+T组合键，在图像周围生成变换框，按住Ctrl键的同时，分别拖曳控制手柄到适当的位置，按Enter键确认操作，效果如图5-50所示。

图5-49   图5-50

（5）在"散文诗书籍封面"文件中，选择"矩形选框"工具，绘制矩形选区，如图5-51所示。选择"移动"工具，将选区中的图像拖曳到适当的位置，效果如图5-52所示，在"图层"控制面板中生成新的图层。

图5-51

图5-52

（6）按Ctrl+T组合键，在图像周围生成变换框，按住Ctrl键的同时，分别拖曳控制手柄到适当的位置，按Enter键确认操作，效果如图5-53所示。按住Ctrl键的同时，单击"图层2"的缩览图，图像周围生成选区，如图5-54所示。新建图层。将前景色设为黑色。按Alt+Delete组合键，用前景色填充选区。取消选区后，效果如图5-55所示。

图5-53   图5-54

图5-55

（7）在"图层"控制面板上方，将"图层3"图层的"不透明度"选项设为10%，如图5-56所示，按Enter键确认操作，效果如图5-57所示。

图5-56　　　　　　　图5-57

（8）按住Shift键的同时，单击"图层1"图层，将"图层3"图层到"图层1"图层之间的所有图层同时选取，如图5-58所示。按Ctrl+E组合键，合并图层并将其命名为"书"，如图5-59所示。

图5-58　　　　　　　图5-59

（9）单击"图层"控制面板下方的"添加图

层样式"按钮 **_fx._** ，在弹出的菜单中选择"投影"命令，在弹出的对话框中进行设置，如图5-60所示，单击"确定"按钮，效果如图5-61所示。

（10）按Ctrl+O组合键，打开本书学习资源中的"CH05 > 素材 > 散文诗书籍封面设计 > 04、05"文件，选择"移动"工具 ，将图片分别拖曳到图像窗口中适当的位置，效果如图5-62所示，在"图层"控制面板中分别生成新的图层并将其命名为"草"和"花"。散文诗书籍封面制作完成。

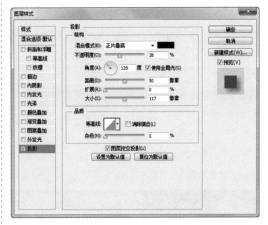

图5-60

图5-61　　　　　　　图5-62

（11）按Ctrl+S组合键，弹出"存储为"对话框，将其命名为"散文诗书籍封面设计"，保存图像为psd格式，单击"保存"按钮，弹出"Photoshop格式选项"对话框，单击"确定"按钮，将图像保存。

【**案例学习目标**】在Illustrator中，学习使用参考线分割页面，使用绘图工具、文字工具和符号面板添加相关内容和出版信息。在Photoshop中，学习使用变换命令和图层样式制作立体效果。

【**案例知识要点**】在Illustrator中，使用椭圆工具、置入命令、矩形工具和建立剪切蒙版命令制作封面背景和旅游图片，使用符号库命令添加符号图形，使用文字工具和字符面板添加书名及相关信息，使用椭圆工具、旋转工具、钢笔工具和路径查找器面板制作装饰图形，使用风格化命令添加投影。在Photoshop中，使用矩形选框工具、移动工具和变换命令制作书籍立体效果，使用载入选区命令、填充命令和不透明度选项制作书脊暗部，使用图层样式添加投影。旅游书籍封面设计效果如图5-63所示。

【**效果所在位置**】Ch05/效果/旅游书籍封面设计/旅游书籍封面设计.psd。

图5-63

Illustrator 应用

5.2.1 制作书籍封面

（1）打开Illustrator软件，按Ctrl+N组合键，新建一个文档，设置文档的宽度为315mm，高度为230mm，取向为横向，颜色模式为CMYK，单击"确定"按钮。

（2）按Ctrl+R组合键，显示标尺。选择"选择"工具，在页面中拖曳一条垂直参考线。选择"窗口 > 变换"命令，弹出"变换"面板，将"X"轴选项设为150mm，如图5-64所示，按Enter键确认操作，效果如图5-65所示。保持参考线的选取状态，在"变换"面板中将"X"轴选项设为165mm，按Alt+Enter组合键，确认操作，效果如图5-66所示。

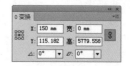

图5-64

图5-65

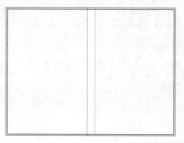

图5-66

（3）选择"矩形"工具 ▢，在页面中绘制一个与页面大小相等的矩形，如图5-67所示。设置填充色为青色（其C、M、Y、K值分别为70、0、10、0），填充图形，并设置描边色为无，效果如图5-68所示。按Ctrl+2组合键，锁定图形。

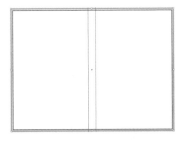

图5-67

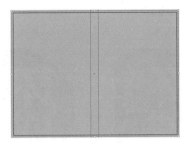

图5-68

（4）选择"文件 > 置入"命令，弹出"置入"对话框，选择本书学习资源中的"Ch05 > 素材 > 旅游书籍封面设计 > 01"文件，单击"置入"按钮，将图片置入页面中，单击属性栏中的"嵌入"按钮，嵌入图片。选择"选择"工具 ▶，拖曳图片到适当的位置并调整其大小，效果如图5-69所示。

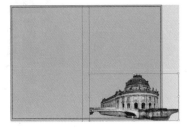

图5-69

（5）选择"椭圆"工具 ⬭，按住Shift键的同时，在页面适当的位置绘制一个圆形。设置填充色为咖啡色（其C、M、Y、K的值分别为60、75、100、30），填充圆形，并设置描边色为无，效果如图5-70所示。

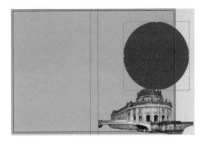

图5-70

（6）保持圆形的选取状态。按Ctrl+[组合键，后移图形，如图5-71所示。选择"矩形"工具 ▢，在页面中适当的位置绘制一个矩形，如图5-72所示。

图5-71

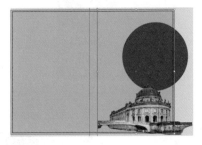

图5-72

（7）选择"选择"工具 ▶，按住Shift键的同时，将圆形、图片和矩形同时选取，如图5-73所示。按Ctrl+7组合键，创建剪切蒙版，效果如图5-74所示。

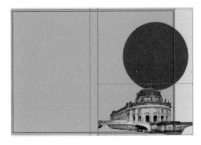

图5-73

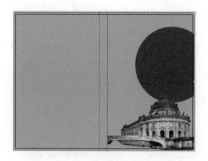

图5-74

（8）选择"直排文字"工具 ，在页面中适当的位置分别输入需要的文字。选择"选择"工具 ，在属性栏中分别选择合适的字体并设置文字大小，填充为白色，效果如图5-75所示。选取需要的文字。选择"窗口 > 文字 > 字符"命令，在弹出的面板中进行设置，如图5-76所示，按Enter键确认操作，效果如图5-77所示。

图5-75

图5-76

图5-77

（9）选择"文字"工具 ，在页面中适当的位置输入需要的文字。选择"选择"工具 ，在属性栏中选择合适的字体并设置文字大

小。设置填充色为橘黄色（其C、M、Y、K的值分别为0、25、75、10），填充文字，效果如图5-78所示。在"字符"面板中进行设置，如图5-79所示，按Enter键确认操作，效果如图5-80所示。选择"旋转"工具 ，按住Shift键的同时，拖曳鼠标旋转文字，效果如图5-81所示。

图5-78

图5-79

图5-80

图5-81

（10）选择"窗口 > 符号库 > 徽标元素"命令，在弹出的面板中选择需要的图标，如图5-82所示，拖曳到页面中适当的位置，效果如图5-83所示。

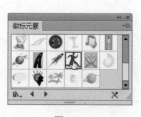

图5-82

图5-83

（11）在符号图形上单击鼠标右键，在弹出的菜单中选择"断开符号链接"命令，断开符号链接，如图5-84所示。再次单击鼠标右键，在弹出的菜单中选择"取消编组"命令，取消图

形编组，如图5-85所示。

图5-84　　　　　　　　图5-85

（12）选择"选择"工具，选取外框，按
Delete键，删除外框。选择图形，如图5-86所
示。填充为白色，效果如图5-87所示。

图5-86　　　　　　　　图5-87

（13）选择"椭圆"工具，按住Shift键的
同时，在页面中适当的位置绘制一个圆形，如图
5-88所示。再绘制一个圆形，如图5-89所示。选
择"钢笔"工具，在适当的位置绘制一个图
形，如图5-90所示。

图5-88

图5-89　　　　　　　　图5-90

（14）选择"选择"工具，按住Shift键的
同时，将绘制的图形同时选取。选择"窗口 > 路
径查找器"命令，弹出"路径查找器"面板，单
击"联集"按钮，如图5-91所示，生成新的对
象，如图5-92所示。

图5-91　　　　　　　　图5-92

（15）设置填充色为橘黄色（其C、M、Y、
K的值分别为0、25、75、10），填充图形，设置
描边色为咖啡色（其C、M、Y、K的值分别为60、
75、100、30），填充描边。在属性栏中将"描边
粗细"选项设为5pt，按Enter键确认操作，效果
如图5-93所示。

图5-93

（16）选择"椭圆"工具，按住Shift键
的同时，在页面中适当的位置绘制一个圆形，
填充为黑色，如图5-94所示。选择"旋转"工
具，在适当的位置单击定位中心点，如图
5-95所示。按住Alt+Shift组合键的同时，拖曳鼠
标复制并旋转图形，效果如图5-96所示。按6次
Ctrl+D组合键，复制并旋转多个图形，效果如
图5-97所示。

图5-94　　　　　图5-95　　　　　图5-96

图5-97

（17）选择"椭圆"工具，按住Shift键的同时，在页面中适当的位置绘制一个圆形，填充为黑色，如图5-98所示。选择"选择"工具，用圈选的方法将圆形同时选取，如图5-99所示。在"路径查找器"面板中单击"联集"按钮，如图5-100所示，生成新的对象，如图5-101所示。

图5-98　　　　　　　图5-99

图5-100　　　　　　　图5-101

（18）填充图形为白色，设置描边色为青色（其C、M、Y、K的值分别为80、20、0、0），填充描边。在属性栏中将"描边粗细"选项设为1pt，按Enter键确认操作，效果如图5-102所示。拖曳图形到适当的位置，效果如图5-103所示。

图5-102　　　　　　　图5-103

（19）选择"文字"工具，在页面中适当的位置分别输入需要的文字。选择"选择"工具，在属性栏中分别选择合适的字体并设置文字大小。设置填充色为青色（其C、M、Y、K的值分别为80、20、0、0），填充文字，效果如图5-104所示。选取下方的文字。在"字符"面板中进行

设置，如图5-105所示，按Enter键确认操作，效果如图5-106所示。

图5-104　　　　　　　图5-105

图5-106

（20）选取上方的文字。在"字符"面板中进行设置，如图5-107所示，按Enter键确认操作，效果如图5-108所示。

图5-107　　　　　　　图5-108

（21）选择"文件 > 置入"命令，弹出"置入"对话框，分别选择本书学习资源中的"Ch05 > 素材 > 旅游书籍封面设计 > 02、03、04、05"文件，单击"置入"按钮，将图片分别置入页面中，单击属性栏中的"嵌入"按钮，嵌入图片。选择"选择"工具，分别拖曳图片到适当的位置并调整其大小，效果如图5-109所示。

图5-109

（22）选择"圆角矩形"工具，在适当的

位置单击，弹出"圆角矩形"对话框，设置如图5-110所示，单击"确定"按钮，生成圆角矩形。设置填充色为品红色（其C、M、Y、K的值分别为0、100、0、0），填充图形，并设置描边色为无，效果如图5-111所示。

图5-110

图5-111

（23）选择"椭圆"工具◎，按住Shift键的同时，在页面中适当的位置绘制一个圆形。设置填充色为紫黑色（其C、M、Y、K的值分别为76、100、73、50），填充圆形，并设置描边色为无，如图5-112所示。

（24）选择"文字"工具Ⓣ，在页面中适当的位置分别输入需要的文字。选择"选择"工具▶，在属性栏中分别选择合适的字体并设置文字大小，填充文字为白色，效果如图5-113所示。用相同的方法制作其他效果，如图5-114所示。

图5-112

图5-113

图5-114

（25）选择"文字"工具Ⓣ，在页面中适当的位置输入需要的文字。选择"选择"工具▶，在属性栏中选择合适的字体并设置文字大小。填充文字为白色，设置描边色为暗棕色（其C、M、Y、K的值分别为60、75、100、30），填充描边。在属性栏中将"描边粗细"选项设为0.5pt，按Enter键确认操作，效果如图5-115所示。

（26）选择"椭圆"工具◎，按住Shift键的同时，在页面中适当的位置绘制一个圆形。填充为黑色，并设置描边色为无，效果如图5-116所示。

图5-115

图5-116

（27）选择"选择"工具▶，按住Alt键的同时，将圆形拖曳到适当的位置，复制圆形，效果如图5-117所示。选择"文字"工具Ⓣ，在页面中适当的位置分别输入需要的文字并分别选取文字，在属性栏中分别选择合适的字体并设置文字大小。选取需要的文字，填充为白色，效果如图5-118所示。

图5-117

图5-118

（28）选择"文字"工具Ⓣ，在适当的文字间插入光标，如图5-119所示。在"字符"面板中进行设置，如图5-120所示，按Enter键确认操作，效果如图5-121所示。

图5-119

图5-120　　　　　　　图5-121

（29）选择"矩形"工具▢，在页面中适当的位置绘制矩形，填充为白色，并设置描边色为无，效果如图5-122所示。选择"选择"工具▸，选择矩形，按Ctrl+C组合键，复制矩形。按Ctrl+F组合键，原位粘贴在前面。按住Alt+Shift组合键的同时，拖曳鼠标调整其大小，效果如图5-123所示。

图5-122　　　　　　　图5-123

（30）选择"文件＞置入"命令，弹出"置入"对话框，选择本书学习资源中的"Ch05＞素材＞旅游书籍封面设计＞06"文件，单击"置入"按钮，将图片置入页面中，单击属性栏中的"嵌入"按钮，嵌入图片。选择"选择"工具▸，拖曳图片到适当的位置并调整其大小，效果如图5-124所示。

图5-124

（31）保持图片的选取状态。按Ctrl+[组合键，后移图片，效果如图5-125所示。按住Shift

键的同时，单击白色矩形，将其同时选取。按Ctrl+7组合键，创建剪切蒙版，效果如图5-126所示。

图5-125

图5-126

（32）选择"选择"工具▸，用圈选的方法将需要的图形同时选取。选择"旋转"工具↻，拖曳鼠标将其旋转到适当的角度，效果如图5-127所示。

图5-127

（33）选择"文件＞置入"命令，弹出"置入"对话框，分别选择本书学习资源中的"Ch05＞素材＞旅游书籍封面设计＞07、08"

文件，单击"置入"按钮，将图片分别置入页面中，单击属性栏中的"嵌入"按钮，嵌入图片。选择"选择"工具，分别拖曳图片到适当的位置并调整其大小，效果如图5-128所示。选取需要的图片，连续按Ctrl+[组合键，后移图片，效果如图5-129所示。

图5-128

图5-129

（34）选择"窗口 > 符号库 > 花朵"命令，在弹出的面板中选择需要的符号，如图5-130所示，拖曳到页面中适当的位置，效果如图5-131所示。按住Alt键的同时，拖曳图片到适当的位置，复制符号图形，并调整其大小，效果如图5-132所示。

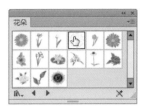

图5-130

图5-131　　　　　　图5-132

（35）选择"矩形"工具，在页面中适当的位置绘制矩形。设置填充色为暗橙色（其C、M、Y、K的值分别为0、40、100、20），填充矩形，并设置描边色为无，效果如图5-133所示。

图5-133

（36）选择"钢笔"工具，在适当的位置绘制一个图形。设置填充色为橘黄色（其C、M、Y、K的值分别为0、25、75、10），填充图形，并设置描边色为无，效果如图5-134所示。

图5-134

（37）选择"文字"工具，在页面中适当的位置输入需要的文字。选择"选择"工具，在属性栏中选择合适的字体并设置文字大小，填充为白色，效果如图5-135所示。用圈选的方法将需要的图形和文字同时选取，拖曳鼠标将图形和文字旋转到适当的角度，效果如图5-136所示。

图5-135

图5-136

（38）选择"文字"工具 T ，在页面中适当的位置输入需要的文字。选择"选择"工具 ，在属性栏中选择合适的字体并设置文字大小。填充文字为白色，效果如图5-137所示。

图5-137

（39）选择"效果 > 风格化 > 投影"命令，在弹出的对话框中进行设置，如图5-138所示，单击"确定"按钮，效果如图5-139所示。拖曳鼠标将文字旋转到适当的角度，效果如图5-140所示。用相同的方法制作其他图形和文字，效果如图5-141所示。

图5-138

图5-139

图5-140

图5-141

（40）选择"星形"工具 ，在适当的位置单击弹出"星形"对话框，设置如图5-142所示，单击"确定"按钮，生成星形，如图5-143所示。设置填充色为青色（其C、M、Y、K的值分别为80、20、0、0），填充图形，并设置描边色为无，效果如图5-144所示。

图5-142

图5-143

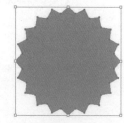

图5-144

（41）选择"效果 > 风格化 > 投影"命令，在弹出的对话框中进行设置，如图5-145所示，单击"确定"按钮，效果如图5-146所示。

图5-145　　　　　图5-146

图5-150

（42）选择"文字"工具，在页面中适当的位置分别输入需要的文字。选择"选择"工具，在属性栏中分别选择合适的字体并设置文字大小。填充文字为白色，效果如图5-147所示。选择"直线段"工具，按住Shift键的同时，拖曳鼠标绘制直线段。

图5-151

（45）在"徽标元素"面板中选择需要的符号，如图5-152所示，拖曳到页面中，效果如图5-153所示。在符号图形上单击鼠标右键，在弹出的菜单中选择"断开符号链接"命令，断开符号链接，如图5-154所示。

图5-147

（43）设置描边色为橘黄色（其C、M、Y、K的值分别为0、25、75、10），填充描边。在属性栏中将"描边粗细"选项设为1pt，按Enter键确认操作，效果如图5-148所示。选择"选择"工具，按住Alt键的同时，拖曳到适当的位置复制直线段，效果如图5-149所示。

图5-152

图5-148　　　　　图5-149

图5-153　　　　　图5-154

（44）用圈选的方法将需要的图形和文字同时选取，按Ctrl+G组合键，将其编组，如图5-150所示。拖曳到适当的位置，效果如图5-151所示。

（46）再次单击鼠标右键，在弹出的菜单中选择"取消编组"命令，取消图形编组，如图5-155所示。填充为黑色。选择需要的图形，在属性栏中将"描边粗细"选项设为0.2pt，按Enter键确认操作，效果如图5-156所示。选择需要的图形，填充为白色，效果如图5-157所示。

图5-155

图5-156

图5-157

（47）用圈选的方法将需要的图形同时选取，调整其大小并拖曳到适当的位置，效果如图5-158所示。选择"文字"工具 [T]，在适当的位置输入需要的文字。选择"选择"工具 [▶]，在属性栏中选择合适的字体并设置文字大小。填充文字描边为黑色。在属性栏中将"描边粗细"选项设为0.25pt，按Enter键确认操作，效果如图5-159所示。

图5-158

图5-159

5.2.2 制作封底和书脊

（1）选择"矩形"工具 [▣]，在页面中适当的位置绘制矩形。设置填充色为咖啡色（其C、M、Y、K的值分别为60、75、100、30），填充矩形，并设置描边色为无，效果如图5-160所示。选

择"选择"工具 [▶]，按住Shift键的同时，在封面上选取需要的图形和文字，如图5-161所示。按住Alt键的同时，拖曳到适当的位置，复制图形和文字，并调整其大小，效果如图5-162所示。

图5-160　　　　　　　　图5-161

图5-162

（2）用相同的方法复制其他图片和文字，效果如图5-163所示。选取需要的图片和图形，连续按Ctrl+ [组合键，后移图片和图形，效果如图5-164所示。

图5-163　　　　　　　　图5-164

（3）选择"文件 > 置入"命令，弹出"置入"对话框，分别选择本书学习资源中的"Ch05 > 素材 > 旅游书籍封面设计 > 09、10、

11"文件，单击"置入"按钮，将图片分别置入页面中，单击属性栏中的"嵌入"按钮，嵌入图片。选择"选择"工具，分别拖曳图片到适当的位置并调整其大小，效果如图5-165所示。

图5-165

（4）选择"矩形"工具，在页面中适当的位置绘制一个矩形，如图5-166所示。选择"选择"工具，按住Shift键的同时，将图片和矩形同时选取，如图5-167所示。按Ctrl+7组合键，创建剪切蒙版，效果如图5-168所示。

图5-166　　　　　　　图5-167

图5-168

（5）连续按Ctrl+ [组合键，后移图片，效果如图5-169所示。选择"文件 > 置入"命令，弹出"置入"对话框，分别选择本书学习资源中的"Ch05 > 素材 > 旅游书籍封面设计 > 03、12"文件，单击"置入"按钮，将图片分别置入页面中，单击属性栏中的"嵌入"按钮，嵌入图片。选择"选择"工具，分别拖曳图片到适当的位置并调整其大小，效果如图5-170所示。

图5-169　　　　　　　图5-170

（6）选择"文字"工具，在适当的位置输入需要的文字。选择"选择"工具，在属性栏中选择合适的字体并设置文字大小，效果如图5-171所示。选择"矩形"工具，在页面中适当的位置绘制一个矩形。填充为白色，并设置描边色为无，效果如图5-172所示。

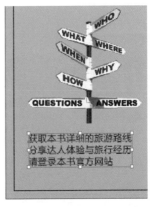

图5-171

图5-172

（7）按Ctrl+O组合键，打开本书学习资源中的"Ch05 > 素材 > 旅游书籍封面设计 > 13"文件。按Ctrl+A组合键，将所有图形选取，复制并将其粘贴到正在编辑的页面中。选择"选择"工具，将其拖曳到适当的位置，效果如图5-173所示。

（8）选择"文字"工具T，在适当的位置分别输入需要的文字并分别选取文字。在属性栏中选择合适的字体并设置文字大小，效果如图5-174所示。

图5-173　　　　　　图5-174

（9）选择"矩形"工具□，在页面中适当的位置绘制2个矩形，填充为橘黄色（其C、M、Y、K的值分别为0、25、75、10）和咖啡色（其C、M、Y、K的值分别为60、75、100、30），并设置描边色为无，效果如图5-175所示。

图5-175

（10）选择"选择"工具，选取需要的矩形，按住Alt键的同时，拖曳到适当的位置，复制矩形，如图5-176所示。选取并复制需要的图片和文字，效果如图5-177所示。

（11）选择"文字"工具T，在适当的位置分别输入需要的文字。选择"选择"工具，在属性栏中分别选择合适的字体并设置文字大小，效果如图5-178所示。选取封面上需要的图形，按住Alt键的同时，拖曳到适当的位置，复制图形，如图5-179所示。

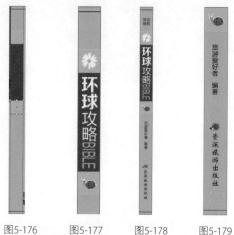

图5-176　　图5-177　　图5-178　　图5-179

（12）旅游书籍封面制作完成，效果如图5-180所示。按Ctrl+S组合键，弹出"存储为"对话框，将其命名为"旅游书籍封面"，保存为AI格式，单击"保存"按钮，将文件保存。

图5-180

Photoshop 应用

5.2.3 制作封面立体效果

（1）按Ctrl＋O组合键，打开本书学习资源
中的"Ch05 > 素材 > 旅游书籍封面设计 > 14"文
件，如图5-181所示。按Ctrl＋O组合键，打开本书
学习资源中的"Ch05 > 效果 > 旅游书籍封面设
计 > 旅游书籍封面"文件，单击"打开"按钮。
弹出"导入PDF"对话框，单击"确定"按钮，
打开图像，如图5-182所示。

图5-181

图5-182

（2）选择"矩形选框"工具，在适当的
位置绘制矩形选区，如图5-183所示。选择"移
动"工具，将选区中的图像拖曳到适当的位
置，效果如图5-184所示，在"图层"控制面板中
生成新的图层。

图5-183

图5-184

（3）按Ctrl+T组合键，在图像周围生成变换
框，按住Ctrl键的同时，分别拖曳控制手柄到适
当的位置，按Enter键确认操作，效果如图5-185所
示。选择"矩形选框"工具，在适当的位置绘
制矩形选区，如图5-186所示。

图5-185

图5-186

（4）选择"移动"工具 ▸⊕ ，将选区中的图像拖曳到适当的位置，如图5-187所示，在"图层"控制面板中生成新的图层。按Ctrl+T组合键，在图像周围生成变换框，按住Ctrl键的同时，分别拖曳控制手柄到适当的位置，按Enter键确认操作，效果如图5-188所示。

图5-187

图5-188

（5）按住Ctrl键的同时，单击"图层2"的缩览图，图像周围生成选区，如图5-189所示。新建图

层。将前景色设为黑色。按Alt+Delete组合键，用前景色填充选区。取消选区后，效果如图5-190所示。

图5-189

图5-190

（6）在"图层"控制面板上方，将"图层3"图层的"不透明度"选项设为20%，如图5-191所示，按Enter键确认操作，效果如图5-192所示。按住Shift键的同时，单击"图层1"图层，将"图层3"图层到"图层1"图层之间的所有图层同时选取，如图5-193所示。按Ctrl+E组合键，合并图层并将其命名为"书"，如图5-194所示。

图5-191

图5-192

图5-193

图5-194

（7）单击"图层"控制面板下方的"添加图层样式"按钮 fx，在弹出的菜单中选择"投影"命令，在弹出的对话框中进行设置，如图5-195所示，单击"确定"按钮，效果如图5-196所示。

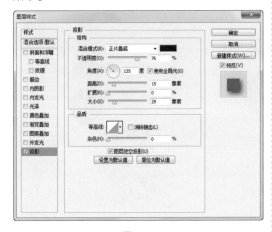

图5-195

图5-196

（8）新建图层并将其命名为"椭圆"。将前景色设为蓝色（其R、G、B的值分别为10、115、223）。选择"椭圆"工具 ⬭，在属性栏的"选择工具模式"选项中选择"像素"，按住Shift键的同时，在图像窗口中拖曳鼠标绘制圆形，效果如图5-197所示。

图5-197

（9）选择"滤镜 > 模糊 > 高斯模糊"命令，在弹出的对话框中进行设置，如图5-198所示，单击"确定"按钮，效果如图5-199所示。在Illustrator软件中，打开"Ch05 > 效果 > 旅游书籍封面设计 > 旅游书籍封面"文件，选择需要的文字和图形，按Ctrl+C组合键，复制文字。在Photoshop软件中，按Ctrl+V组合键，粘贴图形。按Enter键确认操作。

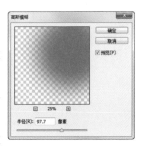

图5-198

图5-199

（10）旅游书籍封面立体效果制作完成，效果如图5-200所示。按Shift+Ctrl+S组合键，弹出"存储为"对话框，将其命名为"旅游书籍封面

设计"，保存图像为psd格式，单击"保存"按钮，弹出"Photoshop格式选项"对话框，单击"确定"按钮，将图像保存。

图5-200

5.3 ▶ 课后习题——美丽旅行书籍封面设计

【习题知识要点】在Illustrator中，使用矩形工具、复制命令和镜像工具制作背景效果，使用矩形工具、风格化命令和创建剪贴蒙版命令制作图片效果，使用文字工具和字符面板添加书名和介绍性文字，使用直线段工具、混合工具和创建剪贴蒙版命令制作装饰线条。在Photoshop中，使用矩形选框工具、移动工具和变换命令制作书籍立体效果，使用载入选区命令、填充命令和不透明度选项制作书脊暗部，使用图层样式添加投影。美丽旅行书籍封面设计效果如图5-201所示。

【效果所在位置】Ch05/效果/美丽旅行书籍封面设计/美丽旅行书籍封面设计.psd。

图5-201

第 6 章

Banner设计

本章介绍

　　Banner设计主要是以形象鲜明的表达方式体现最中心的情感思想或宣传主题，它可以作为网页的横幅广告，也可以作为游行旗帜，还可以是报纸杂志上的大标题。本章以平板电脑Banner和豆浆机Banner设计为例，讲解Banner的设计方法和制作技巧。

学习目标

◆ 掌握在Photoshop软件中制作Banner背景图的方法。

◆ 掌握在Illustrator软件中制作宣传文字的技巧。

【案例学习目标】在Photoshop中，学习使用填充工具、画笔工具和图层控制面板制作Banner背景图。在Illustrator中，学习使用置入命令、文字工具、选择工具和风格化命令制作宣传语和相关信息。

【案例知识要点】在Photoshop中，使用渐变工具填充背景，使用画笔工具和图层的混合模式制作光效和阴影，使用移动工具和图层样式制作产品主体。在Illustrator中，使用文字工具、创建轮廓命令、直接选择工具和路径查找器面板制作宣传语，使用渐变工具填充渐变，使用风格化命令添加投影，使用文字工具、矩形工具和钢笔工具添加相关信息。平板电脑Banner设计效果如图6-1所示。

【效果所在位置】Ch06/效果/平板电脑Banner设计/平板电脑Banner设计.ai。

图6-1

Photoshop 应用

6.1.1 制作Banner背景图

（1）按Ctrl＋N组合键，新建一个文件：宽度为1920像素，高度为850像素，分辨率为150像素/英寸，颜色模式为RGB，背景内容为白色。选择"渐变"工具■，单击属性栏中的"点按可编辑渐变"按钮■■■，弹出"渐变编辑器"对话框，在"位置"选项中分别输入0、51、100三个位置点，分别设置三个位置点颜色的RGB值

为0（170、0、53）、51（242、46、107）、100（170、0、53），如图6-2所示。按住Shift键的同时，在图像窗口中从左至右拖曳渐变色，效果如图6-3所示。

图6-2

图6-3

（2）新建图层并将其命名为"光效"。将前景色设为橙色（其R、G、B的值分别为255、240、0）。选择"画笔"工具✐，在属性栏中单击"画笔"选项右侧的按钮▪，弹出画笔选择面板，选择需要的画笔形状，设置如图6-4所示。在属性栏中将"不透明度"选项设为52%，在图像窗口中拖曳鼠标绘制图像，效果如图6-5所示。

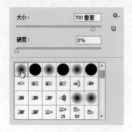

图6-4

图6-5

（3）在"图层"控制面板上方，将"光效"图层的混合模式选项设为"正片叠底"，如图6-6所示，图像效果如图6-7所示。

图6-6

图6-7

（4）按Ctrl＋O组合键，打开本书学习资源中的"Ch06＞素材＞平板电脑Banner设计＞01、02、03"文件，选择"移动"工具，将图片分别拖曳到图像窗口中适当的位置并调整其大小，效果如图6-8所示，在"图层"控制面板中分别生成新的图层并将其命名为"球球""灯"和"平板电脑"。

图6-8

（5）单击"图层"控制面板下方的"添加图层样式"按钮，在弹出的菜单中选择"投影"命令，在弹出的对话框中进行设置，如图6-9所示，单击"确定"按钮，效果如图6-10所示。

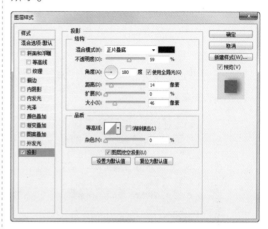

图6-9

图6-10

（6）新建图层并将其命名为"阴影"。选择"画笔"工具，在属性栏中单击"画笔"选项右侧的按钮，弹出画笔选择面板，选择需要的画笔形状，设置如图6-11所示。在图像窗口中拖曳鼠标绘制图像，效果如图6-12所示。

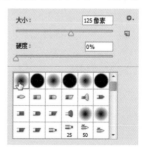

图6-11

图6-12

（7）在"图层"控制面板上方，将"阴影"图层的混合模式选项设为"叠加"，如图6-13所示，图像效果如图6-14所示。

图6-13

图6-14

（8）在"图层"控制面板中，将"阴影"图层拖曳到"平板电脑"图层的下方，如图6-15所示，图像效果如图6-16所示。

图6-15

图6-16

（9）平板电脑Banner背景图制作完成。按Shift+Ctrl+E组合键，合并可见图层。按Ctrl+S组合键，弹出"存储为"对话框，将其命名为"平板电脑Banner背景图"，保存为JPEG格式，单击"保存"按钮，弹出"JPEG选项"对话框，单击"确定"按钮，将图像保存。

Illustrator 应用

6.1.2 制作宣传文字

（1）打开Illustrator软件，按Ctrl+N组合键，新建一个文档，设置文档的宽度为1920像素，高度为850像素，取向为横向，颜色模式为RGB，单击"确定"按钮。

（2）选择"文件 > 置入"命令，弹出"置入"对话框，选择本书学习资源中的"Ch06 > 效果 > 平板电脑Banner设计 > 平板电脑Banner背景图"文件，单击"置入"按钮，将图片置入页面中，单击属性栏中的"嵌入"按钮，嵌入图片。选择"选择"工具，拖曳图片到适当的位置，并调整其大小，效果如图6-17所示。按Ctrl+2组合键，锁定所选对象。

图6-17

（3）选择"文字"工具 T，分别输入需要的文字，选择"选择"工具，在属性栏中选择合适的字体并分别设置文字大小，效果如图6-18所示。用圈选的方法将输入的文字同时选取，选择"文字 > 创建轮廓"命令，创建文字轮廓，效果如图6-19所示。

![图6-18] 
图6-18

![图6-19]
图6-19

（4）选择"选择"工具，将"世"字拖曳到适当的位置，效果如图6-20所示。选择"直接选择"工具，按住Shift键的同时，将"之"字需要的锚点同时选取，如图6-21所示。按住Shift键的同时，将锚点水平拖曳到适当的位置，效果如图6-22所示。

![图6-20] 
图6-20

![图6-21][图6-22]
图6-21 　　　　　图6-22

（5）按住Shift键的同时，将"世"字需要的锚点同时选取，将其水平拖曳到适当的位置，效果如图6-23所示。按住Shift键的同时，将"之"字需要的锚点同时选取，如图6-24所示。按Delete键，删除选取的锚点，效果如图6-25所示。

![图6-23][图6-24][图6-25]
图6-23　　　　图6-24　　　　图6-25

（6）将"创"字需要的锚点选取，按Delete键，将其删除，效果如图6-26所示。选取需要的锚点拖曳到适当的位置，效果如图6-27所示。选择"选择"工具，用圈选的方法将需要的文字同时选取，如图6-28所示。

![图6-26][图6-27]
图6-26　　　　　　　图6-27 

![图6-28]
图6-28

（7）选择"窗口 > 路径查找器"命令，弹出"路径查找器"面板，单击"联集"按钮，如图6-29所示，生成新的对象，效果如图6-30所示。

图6-29

![图6-30]
图6-30

（8）选择"选择"工具，用圈选的方法将需要的文字同时选取，拖曳到适当的位置，效果如图6-31所示。按住Shift键的同时，选取需要的文字，如图6-32所示。

图6-31

图6-32

（9）双击"渐变"工具 ，弹出"渐变"
控制面板，在色带上设置2个渐变滑块，分别将
渐变滑块的位置设为0、100，并设置R、G、B的
值分别为0（255、255、255）、100（218、83、
108），其他选项的设置如图6-33所示，图形被填
充渐变色，效果如图6-34所示。

图6-33

图6-34

（10）选择"选择"工具 ，选取需要的
文字。在"渐变"控制面板中的色带上设置2
个渐变滑块，分别将渐变滑块的位置设为0、
100，并设置R、G、B的值分别为0（255、255、
255）、100（218、83、108），其他选项的设
置如图6-35所示，图形被填充渐变色，效果如图
6-36所示。

图6-35

图6-36

（11）选择"效果 > 风格化 > 投影"命令，
在弹出的对话框中进行设置，如图6-37所示，单
击"确定"按钮，效果如图6-38所示。

图6-37

图6-38

（12）选择"文字"工具 ，分别输入需
要的文字，选择"选择"工具 ，在属性栏中
分别选择合适的字体并设置文字大小，填充文
字为白色，效果如图6-39所示。选取需要的文
字，设置填充色为暗红色（其R、G、B的值分
别为191、27、76），填充文字，效果如图6-40
所示。

图6-39

图6-40

（13）选择"矩形"工具█，在适当的位置拖曳鼠标绘制一个矩形。设置填充色为黄色（其R、G、B的值分别为243、231、39），填充图形，并设置描边色为无，效果如图6-41所示。选择"添加锚点"工具█，在适当的位置分别单击鼠标左键，添加两个锚点，如图6-42所示。

图6-41

图6-42

（14）选择"直接选择"工具█，向右拖曳需要的锚点到适当的位置，效果如图6-43所示。用相同的方法调整右侧的锚点，效果如图6-44所示。

图6-43

图6-44

（15）选择"选择"工具█，选取图形。连续按Ctrl+ [组合键，向后移动到适当的位置，效果如图6-45所示。平板电脑Banner设计完成，效果如图6-46所示。

图6-45

图6-46

（16）按Ctrl+S组合键，弹出"存储为"对话框，将其命名为"平板电脑Banner设计"，保存为AI格式，单击"保存"按钮，将文件保存。

6.2 豆浆机Banner设计

【案例学习目标】在Photoshop中，学习使用图层控制面板和移动工具制作Banner背景图。在Illustrator中，学习使用置入命令、绘图工具和文字工具添加宣传语及相关信息。

【案例知识要点】在Photoshop中，使用移动工具和图层的混合模式制作图片融合，使用图层样式制作颜色叠加和投影，使用色阶和色相/饱和度调整层调整图片颜色。在Illustrator中，使用置入命令置入背景图和素材图片，使用文字工具、创建轮廓命令、渐变工具和风格化命令制作宣传语，使用钢笔工具和圆角矩形工具绘制装饰图形，

使用椭圆工具、复制命令和创建剪切蒙版命令制作宣传图片。豆浆机Banner设计效果如图6-47所示。

【效果所在位置】Ch06/效果/豆浆机Banner设计/豆浆机Banner设计.ai。

图6-47

Photoshop 应用

6.2.1 制作Banner背景图

（1）按Ctrl＋N组合键，新建一个文件：宽度为1575像素，高度为669像素，分辨率为100像素/英寸，颜色模式为RGB，背景内容为白色。将前景色设为青色（其R、G、B的值分别为122、230、240）。按Alt+Delete组合键，用前景色填充背景图层，如图6-48所示。

图6-48

（2）按Ctrl＋O组合键，打开本书学习资源中的"Ch06 > 素材 > 豆浆机Banner设计 > 01"文件，选择"移动"工具，将图片拖曳到图像窗口中适当的位置，并调整其大小，效果如图6-49所示，在"图层"控制面板中生成新的图层并将其命名为"太阳"。

图6-49

（3）单击"图层"控制面板下方的"添加图层样式"按钮，在弹出的菜单中选择"颜色叠加"命令，弹出对话框，将叠加颜色设为浅青色（其R、G、B的值分别为239、250、254），其他选项的设置如图6-50所示，单击"确定"按钮，效果如图6-51所示。

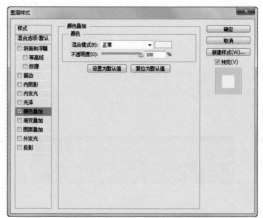

图6-50

图6-51

（4）按Ctrl＋O组合键，打开本书学习资源中的"Ch06 > 素材 > 豆浆机Banner设计 > 02"文件，选择"移动"工具，将图片拖曳到图像窗口中适当的位置，并调整其大小，效果如图6-52所示，在"图层"控制面板中生成新的图层并将其命名为"纹理"。

图6-52

（5）在"图层"控制面板上方，将该图层的混合模式选项设为"正片叠底"，如图6-53所示，图像效果如图6-54所示。按Ctrl＋O组合键，打开本书学习资源中的"Ch06 > 素材 > 豆浆机Banner设计 > 03"文件，选择"移动"工具，将图片拖曳到图像窗口中适当的位置，并调整其

大小，效果如图6-55所示，在"图层"控制面板
中生成新的图层并将其命名为"豆浆机"。

图6-53

图6-54

图6-55

（6）单击"图层"控制面板下方的"创建
新的填充或调整图层"按钮 ，在弹出的菜单中
选择"色阶"命令，在"图层"控制面板中生成
"色阶1"图层，同时弹出"色阶"面板，单击
 按钮，其他选项的设置如图6-56所示，按Enter
键确认操作，图像效果如图6-57所示。

图6-56

图6-57

（7）按Ctrl＋O组合键，打开本书学习资源
中的"Ch06 > 素材 > 豆浆机Banner设计 > 04、
05"文件，选择"移动"工具 ，将图片分
别拖曳到图像窗口中适当的位置，并调整其大
小，效果如图6-58所示，在"图层"控制面板
中分别生成新的图层并将其命名为"荷叶"和
"豆浆"。

图6-58

（8）单击"图层"控制面板下方的"添加图
层样式"按钮 ，在弹出的菜单中选择"投影"
命令，在弹出的对话框中进行设置，如图6-59所
示，单击"确定"按钮，效果如图6-60所示。

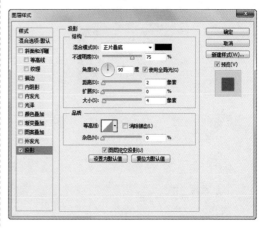

图6-59

图6-60

（9）按Ctrl+O组合键，打开本书学习资源中的"Ch06 > 素材 > 豆浆机Banner设计 > 06"文件，选择"移动"工具，将图片拖曳到图像窗口中适当的位置，并调整其大小，效果如图6-61所示，在"图层"控制面板中生成新的图层并将其命名为"装饰"。

图6-61

（10）在"图层"控制面板上方，将该图层的混合模式选项设为"正片叠底"，如图6-62所示，图像效果如图6-63所示。

图6-62

图6-63

（11）单击"图层"控制面板下方的"创建新的填充或调整图层"按钮，在弹出的菜单中选择"色相/饱和度"命令，在"图层"控制面板中生成"色相/饱和度1"图层，同时弹出"色相/饱和度"面板，选项的设置如图6-64所示，按Enter键确认操作，图像效果如图6-65所示。

图6-64

图6-65

（12）豆浆机Banner背景图制作完成。按Shift+Ctrl+E组合键，合并可见图层。按Ctrl+S组合键，弹出"存储为"对话框，将其命名为"豆浆机Banner背景图"，保存为JPEG格式，单击"保存"按钮，弹出"JPEG选项"对话框，单击"确定"按钮，将图像保存。

Illustrator 应用

6.2.2　制作宣传文字

（1）打开Illustrator软件，按Ctrl+N组合键，新建一个文档，设置文档的宽度为1575像素，高度为669像素，取向为横向，颜色模式为RGB，单击"确定"按钮。

（2）选择"文件 > 置入"命令，弹出"置入"对话框，选择本书学习资源中的"Ch06 > 效果 > 豆浆机Banner设计 > 豆浆机Banner背景图"文件，单击"置入"按钮，将图片置入页面中，单击属性栏中的"嵌入"按钮，嵌入图片。选择"选择"工具 ，拖曳图片到适当的位置，并调整其大小，效果如图6-66所示。按Ctrl+2组合键，锁定所选对象。

图6-66

（3）选择"文字"工具 ，在页面中输入需要的文字，选择"选择"工具 ，在属性栏中选择合适的字体并设置文字大小，效果如图6-67所示。选择"文字 > 创建轮廓"命令，创建文字轮廓，效果如图6-68所示。

图6-67

图6-68

（4）双击"渐变"工具 ，弹出"渐变"控制面板，在色带上设置2个渐变滑块，分别将渐变滑块的位置设为0、100，并设置R、G、B的值分别为0（255、241、0）、100（245、164、

0），其他选项的设置如图6-69所示，图形被填充渐变色，效果如图6-70所示。

图6-69

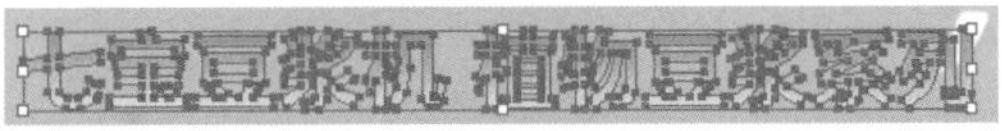

图6-70

（5）选择"效果 > 风格化 > 投影"命令，在弹出的对话框中进行设置，如图6-71所示，单击"确定"按钮，效果如图6-72所示。

图6-71

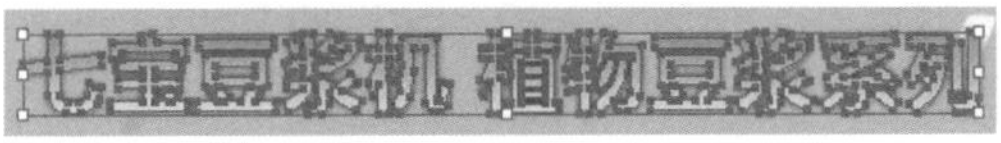

图6-72

（6）选择"文字"工具 ，在页面中分别输入需要的文字，选择"选择"工具 ，在属性栏中分别选择合适的字体并设置文字大小。填充文字为黄色（其R、G、B的值分别为255、241、0），效果如图6-73所示。

图6-73

（7）选择"选择"工具 ，用圈选的方法将需要的文字同时选取。选择"窗口 > 对齐"命令，弹出"对齐"控制面板，单击"水平右对齐"按钮 ，如图6-74所示，对齐文字，效果如图6-75所示。

图6-74

图6-75

（8）选择"文字"工具 ，在页面中输入需要的文字，选择"选择"工具 ，在属性栏中选择合适的字体并设置文字大小。填充文字为白色，效果如图6-76所示。选择"钢笔"工具 ，在适当的位置绘制图形，填充为白色，并设置描边色为无，效果如图6-77所示。

图6-76

图6-77

（9）选择"对象 > 变换 > 对称"命令，弹出"镜像"对话框，选项的设置如图6-78所示，单击"复制"按钮，效果如图6-79所示。

图6-78

图6-79

（10）选择"选择"工具 ，拖曳复制的图形到适当的位置，效果如图6-80所示。选择"圆角矩形"工具 ，在适当的位置单击鼠标左键，弹出"圆角矩形"对话框，选项的设置如图6-81所示，单击"确定"按钮，生成一个圆角矩形。设置填充色为橙色（其R、G、B的值分别为248、181、0），填充图形，并设置描边色为无，效果如图6-82所示。

图6-80

图6-81

图6-82

（11）选择"选择"工具 ，选取图形。连续按Ctrl+ [组合键，向后移动到适当的位置，效果如图6-83所示。选择"椭圆"工具 ，按住Shift键的同时，在适当的位置绘制一个圆形。填充为白色，并设置描边色为无，效果如图6-84所示。

图6-83

图6-84

（12）选择"选择"工具🔺，按住Alt+Shift组合键的同时，将圆形水平拖曳到适当的位置，复制圆形，效果如图6-85所示。按Ctrl+D组合键，再次复制圆形，效果如图6-86所示。

图6-85

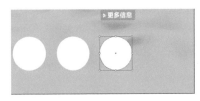

图6-86

（13）选择"文件 > 置入"命令，弹出"置入"对话框，选择本书学习资源中的"Ch06 > 素材 > 豆浆机Banner设计 > 07"文件，单击"置入"按钮，将图片置入页面中。单击属性栏中的"嵌入"按钮，嵌入图片。选择"选择"工具🔺，拖曳图片到适当的位置并调整其大小，效果如图6-87所示。

图6-87

（14）选取下方的圆形，按Ctrl+C组合键，复制圆形。取消选取状态。按Ctrl+F组合键，原位粘贴圆形，如图6-88所示。

图6-88

（15）按住Alt+Shift组合键的同时，向内拖曳控制手柄，等比例缩小圆形，效果如图6-89所示。按住Shift键的同时，选取下方的图片，按Ctrl+7组合键，创建剪切蒙版，效果如图6-90所示。

图6-89

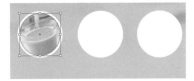

图6-90

（16）用相同的方法置入并制作其他图片，效果如图6-91所示。豆浆机Banner制作完成，效果如图6-92所示。按Ctrl+S组合键，弹出"存储为"对话框，将其命名为"豆浆机Banner设计"，保存为AI格式，单击"保存"按钮，将文件保存。

图6-91

图6-92

【习题知识要点】在Photoshop中，使用动感模糊滤镜命令制作模糊底图，使用矩形工具和创建剪贴蒙版命令制作相片。在Illustrator中，使用文字工具添加宣传文字，使用矩形工具和倾斜工具制作装饰图形，使用置入命令置入产品图片，使用透明度面板、矩形工具和渐变工具制作阴影。数码相机Banner设计效果如图6-93所示。

【效果所在位置】Ch06/效果/数码相机Banner设计/数码相机Banner设计.ai。

图6-93

第 7 章

宣传单设计

本章介绍

　　宣传单是直销广告的一种，对宣传活动和促销商品有着重要的作用。通过派送、邮递宣传单，可以有效地将信息传送给目标受众。很多企业和商家都希望通过宣传单来宣传自己的产品，传播自己的企业文化。本章以食品宣传单设计为例，讲解宣传单的设计方法和制作技巧。

学习目标

◆ 掌握在Photoshop软件中制作宣传单底图的方法。

◆ 掌握在Illustrator软件中添加底图、标题文字及相关信息的技巧。

【案例学习目标】在Photoshop中，学习使用新建参考线命令添加参考线，使用图层面板、滤镜命令和填充工具制作背景图像。在Illustrator中，学习使用置入命令、椭圆形工具和文字工具添加产品及相关信息。

【案例知识要点】在Photoshop中，使用渐变工具和混合模式合成图片，使用高斯模糊滤镜命令制作图片的模糊效果，使用图层蒙版和画笔工具制作主体图片融合效果。在Illustrator中，使用文字工具、创建轮廓命令和画笔面板制作标题文字，使用矩形工具、椭圆工具和路径查找器面板制作标志图形，使用绘图工具、文字工具、字符面板和制表符命令制作宣传文字和介绍性文字。食品宣传单设计效果如图7-1所示。

【效果所在位置】Ch07/效果/食品宣传单设计/食品宣传单设计.ai。

图7-1

Photoshop 应用

7.1.1　制作底图图像

（1）按Ctrl+N组合键，新建一个文件：宽度为9.8cm，高度为21.6cm，分辨率为300像素/英寸，颜色模式为RGB，背景内容为白色，单击"确定"按钮，新建一个文件。选择"视图 > 新建参考线"命令，弹出"新建参考线"对话框，选项的设置如图7-2所示，单击"确定"按钮，效果如图7-3所示。用相同的方法，在21.3cm处新建一条水平参考线，效果如图7-4所示。

图7-2

图7-3　　　　　　图7-4

（2）选择"视图 > 新建参考线"命令，弹出"新建参考线"对话框，选项的设置如图7-5所示，单击"确定"按钮，效果如图7-6所示。用相同的方法，在9.5cm处新建一条垂直参考线，效果如图7-7所示。

图7-5

图7-6　　　　　　图7-7

（3）选择"渐变"工具 ，单击属性栏中的"点按可编辑渐变"按钮 ▦▾，弹出"渐变编辑器"对话框，将渐变色设为乳白色（其R、G、B的值分别为255、253、240）到浅黄色（其R、G、B的值分别为249、240、211），如图7-8所示，单击"确定"按钮。单击属性栏中的"径向渐变"按钮 ▣，按住Shift键的同时，在背景图层上拖曳渐变色，效果如图7-9所示。

图7-11　　　　　　　　图7-12

（6）按Ctrl+O组合键，打开本书学习资源中的"Ch07 > 素材 > 食品宣传单设计 > 02"文件，选择"移动"工具 ▸⊕，将粽子图片拖曳到图像窗口中适当的位置，如图7-13所示，在"图层"控制面板中生成新的图层并将其命名为"粽子"。

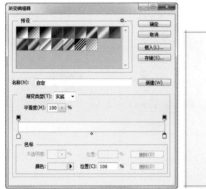

图7-8　　　　　　　　图7-9

（4）按Ctrl+O组合键，打开本书学习资源中的"Ch07 > 素材 > 食品宣传单设计 > 01"文件，选择"移动"工具 ▸⊕，将山水图片拖曳到图像窗口中适当的位置，并调整其大小，如图7-10所示，在"图层"控制面板中生成新的图层并将其命名为"山水"。

图7-13

（7）按Ctrl+T组合键，在图像周围出现变换框，在变换框中单击鼠标右键，在弹出的菜单中选择"水平翻转"命令，水平翻转图片，按Enter键确认操作，效果如图7-14所示。按Ctrl+J组合键，复制并生成新的副本图层，如图7-15所示。

图7-10

（5）在"图层"控制面板上方，将"山水"图层的"不透明度"选项设为10%，如图7-11所示，按Enter键确认操作，图像效果如图7-12所示。

图7-14　　　　　　　　图7-15

（8）选择"滤镜 > 模糊 > 高斯模糊"命令，弹出"高斯模糊"对话框，选项的设置如图7-16所示，单击"确定"按钮，效果如图7-17所示。

图7-16　　　　　　　　图7-17

（9）单击"图层"控制面板下方的"添加图层蒙版"按钮，为图层添加蒙版，如图7-18所示。将前景色设为黑色。选择"画笔"工具，在属性栏中单击"画笔"选项右侧的按钮，在弹出的面板中选择需要的画笔形状，如图7-19所示，在图像窗口中拖曳鼠标擦除不需要的图像，效果如图7-20所示。

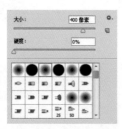

图7-18　　　　　　　　图7-19

图7-20

（10）在"图层"控制面板中，将"粽子副本"图层的"不透明度"选项设为60%，如图7-21所示，按Enter键确认操作，效果如图7-22所示。

图7-21　　　　　　　　图7-22

（11）单击"图层"控制面板下方的"创建新的填充或调整图层"按钮，在弹出的菜单中选择"色阶"命令，在"图层"控制面板中生成"色阶1"图层，同时弹出"色阶"面板，设置如图7-23所示，按Enter键确认操作，图像效果如图7-24所示。

图7-23　　　　　　　　图7-24

（12）在"图层"控制面板中，按住Alt键的同时，将鼠标放在"色阶1"图层和"粽子 副本"图层的中间，鼠标变为图标，单击鼠标创建剪贴蒙版，图像效果如图7-25所示。

图7-25

（13）按Ctrl+;组合键，隐藏参考线。按Shift+Ctrl+E组合键，合并可见图层。按Ctrl+S组合键，弹出"存储为"对话框，将其命名为"食品宣传单底图"，保存为JPEG格式，单击"保存"按钮，弹出"JPEG选项"对话框，单击"确定"按钮，将图像保存。

Illustrator 应用

7.1.2 制作正面效果

（1）打开Illustrator软件，按Ctrl+N组合键，新建一个文档，设置文档的宽度为92mm，高度为210mm，取向为横向，颜色模式为CMYK，单击"确定"按钮。

（2）选择"文件 > 置入"命令，弹出"置入"对话框，选择本书学习资源中的"Ch07 > 效果 > 食品宣传单设计 > 食品宣传单底图.jpg"文件，单击"置入"按钮，将图片置入页面中。在属性栏中单击"嵌入"按钮，嵌入图片。

（3）选择"窗口 > 对齐"命令，弹出"对齐"控制面板，将对齐方式设为"对齐画板"，如图7-26所示。分别单击"对齐"控制面板中的"水平居中对齐"按钮🖳和"垂直居中对齐"按钮🖽，图片与页面居中对齐，效果如图7-27所示。按Ctrl+2组合键，锁定图片。

图7-26

图7-27

（4）选择"文字"工具🅣，在页面适当的位置分别输入需要的文字，选择"选择"工具🖈，在属性栏中选择合适的字体并分别设置文字大小，设置填充色为红色（其C、M、Y、K的值分别为0、100、100、20），填充文字，效果如图7-28所示。按住Shift键的同时，将文字全部选中，按Shift+Ctrl+O组合键，创建轮廓，如图7-29所示。

图7-28

图7-29

（5）设置描边色为白色。选择"窗口 > 描边"命令，弹出"描边"控制面板，单击"对齐描边"选项中的"使描边外侧对齐"按钮🖼，其他选项的设置如图7-30所示，按Enter键确认操作，效果如图7-31所示。

图7-30　　　　　　　图7-31

（6）选择"椭圆"工具 ⬭，按住Shift键的同时，在文字下方绘制一个圆形。设置描边色为红色（其C、M、Y、K的值分别为0、100、100、20），填充描边，效果如图7-32所示。按住Alt+Shift组合键的同时，水平向右拖曳图形到适当的位置，效果如图7-33所示。连续按两次Ctrl+D组合键，按需要再复制两个圆形，效果如图7-34所示。

图7-32

图7-33　　　　　　　图7-34

（7）选择"文字"工具 T，在适当的位置输入需要的文字，选择"选择"工具 ▶，在属性栏中选择合适的字体并设置文字大小，效果如图7-35所示。按Ctrl+T组合键，弹出"字符"控制面板，将"设置所选字符的字距调整"选项 ⬚ 设为390，如图7-36所示，按Enter键确认操作，效果如图7-37所示。

图7-35

图7-36　　　　　　　图7-37

（8）选择"文字"工具 T，在适当的位置输入需要的文字，选择"选择"工具 ▶，在属性栏中选择合适的字体并设置文字大小，设置文字填充颜色为灰色（其CMYK的值为0、0、0、70），填充文字，效果如图7-38所示。

（9）按Ctrl+O组合键，打开本书学习资源中的"Ch07 > 素材 > 食品宣传单设计 > 03"文件，选择"选择"工具 ▶，选取图形，按Ctrl+C组合键，复制图形。选择正在编辑的页面，按Ctrl+V组合键，将其粘贴到页面中。拖曳复制的图形到页面适当的位置，并调整其大小，效果如图7-39所示。

图7-38　　　　　　　图7-39

（10）设置填充色为红色（其C、M、Y、K的值分别为0、100、100、20），填充图形，效果如图7-40所示。按住Alt键的同时，向右拖曳图形到适当的位置并调整其大小，取消图形选取状态，效果如图7-41所示。

图7-40　　　　　　　图7-41

（11）选择"直排文字"工具 ⬚，在页面中拖曳文本框并输入需要的文字，选择"选择"工具 ▶，在属性栏中选择合适的字体并设置文字大小，效果如图7-42所示。在"字符"控制面板中，将"设置行距"选项 AA 设为20pt，如图7-43所示，按Enter键确认操作，效果如图7-44所示。

图7-45

图7-46　　　　　　　图7-47

（13）选择"圆角矩形"工具 ，在页面中单击鼠标，弹出"圆角矩形"对话框，设置如图7-48所示，单击"确定"按钮，生成一个圆角矩形。设置填充色为绿色（其C、M、Y、K的值分别为40、0、100、30），填充图形，并设置描边色为无。选择"选择"工具 ，将其拖曳到页面适当的位置，效果如图7-49所示。

图7-42

图7-44

图7-43　　　　　　　图7-44

（12）选择"直线段"工具 ，按住Shift键的同时，在适当位置拖曳鼠标绘制一条直线段。设置描边色为绿色（其C、M、Y、K的值分别为40、0、100、30），填充直线段。在属性栏中将"描边粗细"选项设为0.5pt，按Enter键确认操作，效果如图7-45所示。按住Alt+Shift组合键的同时，水平向右拖曳直线段到适当的位置，复制直线段，效果如图7-46所示。连续按Ctrl+D组合键，按需要再复制5条直线段。取消直线段选取状态，效果如图7-47所示。

图7-48　　　　　　　图7-49

（14）选择"文字"工具 ，在适当的位置分别输入需要的文字，选择"选择"工具 ，在属性栏中选择合适的字体并设置文字大小。填充文字为白色，取消文字的选取状态，效果如图7-50所示。

图7-50

（15）选取需要的文字。在"字符"控制面板中，将"设置所选字符的字距调整"选项⚹设为-180，如图7-51所示，按Enter键确认操作，效果如图7-52所示。

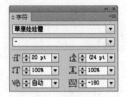 

图7-51　　　　　　　图7-52

（16）选取需要的文字。在"字符"控制面板中，将"设置所选字符的字距调整"选项⚹设为75，如图7-53所示，按Enter键确认操作，效果如图7-54所示。

图7-53　　　　　　　图7-54

7.1.3　制作背面效果

（1）选择"窗口＞图层"命令，弹出"图层"控制面板，单击面板下方的"创建新图层"按钮🔲，新建"图层2"，如图7-55所示。选择"矩形"工具🔲，在页面中绘制一个矩形，如图7-56所示。

图7-55　　　　　　　图7-56

（2）双击"渐变"工具🔲，弹出"渐变"控制面板，在色带上设置3个渐变滑块，分别将渐变滑块的位置设为0、42、100，并设置C、M、Y、K的值分别为0（0、1、8、0）、42（2、3、12、0）、100（4、7、21、0），其他选项的设置如图7-57所示，图形被填充渐变色，设置描边色为无，效果如图7-58所示。

图7-57　　　　　　　图7-58

（3）选择"矩形"工具🔲，在页面中绘制一个矩形，填充图形为黑色，并设置描边色为无，如图7-59所示。选择"椭圆"工具🔘，按住Shift键的同时，在矩形左上方绘制一个圆形，填充为黑色，并设置描边色为无，效果如图7-60所示。

图7-59　　　　　　　图7-60

（4）选择"选择"工具🔺，按住Alt+Shift组合键的同时，垂直向下拖曳圆形到适当的位置，复制图形，效果如图7-61所示。将圆形同时选取，按住Alt+Shift组合键的同时，水平向右拖曳图形到适当的位置，复制图形，如图7-62所示。按住Shift键的同时，将圆形和矩形全部选中，如图7-63所示。

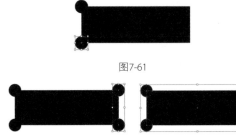

图7-61

图7-62

图7-63

（5）选择"窗口 > 路径查找器"命令，弹出"路径查找器"面板，单击"减去顶层"按钮，生成新的对象，效果如图7-64所示。设置填充色为绿色（其C、M、Y、K的值分别为40、0、100、30），填充图形，效果如图7-65所示。

图7-64

图7-65

（6）选择"文字"工具 T ，在适当的位置输入需要的文字，选择"选择"工具 ，在属性栏中选择合适的字体并设置文字大小，填充文字为白色，效果如图7-66所示。按住Shift键的同时，将文字和图形全部选中，拖曳到适当的位置，如图7-67所示。

图7-66

图7-67

（7）选择"文件 > 置入"命令，弹出"置入"对话框，分别选择本书学习资源中的"Ch07 > 素材 > 食品宣传单设计 > 04、05、06"文件，单击"置入"按钮，将图片置入页面中。在属性栏

中单击"嵌入"按钮，嵌入图片。选择"选择"工具 ，分别将图片拖曳到适当的位置并调整其大小，效果如图7-68所示。

图7-68

（8）选择"文字"工具 T ，在页面中适当的位置分别输入需要的文字，选择"选择"工具 ，在属性栏中分别选择合适的字体并设置文字大小。按Alt+→组合键，分别调整文字字距，效果如图7-69所示。选取文字"粽福"，设置填充色为绿色（其C、M、Y、K的值分别为4、0、100、30），填充文字，效果如图7-70所示。

图7-69

图7-70

（9）选择"椭圆"工具 ，按住Shift键的同时，在适当的位置绘制一个圆形。填充图形为黑色，并设置描边色为无，效果如图7-71所示。

图7-71

（10）选择"文字"工具 $\boxed{T}$ ，在适当的位置输入需要的文字，选择"选择"工具 $\boxed{\nwarrow}$ ，在属性栏中选择合适的字体并设置文字大小。按Alt+→组合键，调整文字字距，效果如图7-72所示。设置填充色为红色（其C、M、Y、K的值分别为0、100、100、20），填充文字，效果如图7-73所示。

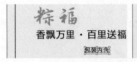

图7-72　　　　　　图7-73

（11）选择"文字"工具 $\boxed{T}$ ，在页面外适当的位置按住鼠标左键不放，拖曳出一个文本框，在属性栏中选择合适的字体并设置文字大小，如图7-74所示。选择"窗口 > 文字 > 制表符"命令，弹出"制表符"面板，单击"右对齐制表符"按钮 $\boxed{\downarrow}$ ，在面板中将"X"选项设置为27mm，如图7-75所示。

图7-74

图7-75

（12）将光标置于段落文本框中，输入文字"竹叶粽"，如图7-76所示。按一下Tab键，光标跳到下一个制表符处，输入文字"100×2/袋"，效果如图7-77所示。

图7-76　　　　　　图7-77

（13）按Enter键，将光标换到下一行，输入需要的文字，如图7-78所示。用相同的方法依次输入其他需要的文字，效果如图7-79所示。

竹叶粽	100×2/袋
艾香粽	

图7-78

竹叶粽	100×2/袋
艾香粽	100×2/袋
甜茶粽	100×2/袋
莲子粽	100×2/袋
松仁粽	100×2/袋
火腿粽	100×2/袋
蛋黄粽	100×2/袋
薄荷香粽	100×2/袋

图7-79

（14）选择"选择"工具 $\boxed{\nwarrow}$ ，拖曳文字到页面中适当的位置，设置填充色为灰色（其C、M、Y、K的值分别为0、0、0、40），填充文字，效果如图7-80所示。在"字符"控制面板中，将"设置行距"选项 $\boxed{A}$ 设为9pt，"设置所选字符的字距调整"选项 $\boxed{VA}$ 设为50，如图7-81所示，按Enter键确认操作，效果如图7-82所示。

图7-80

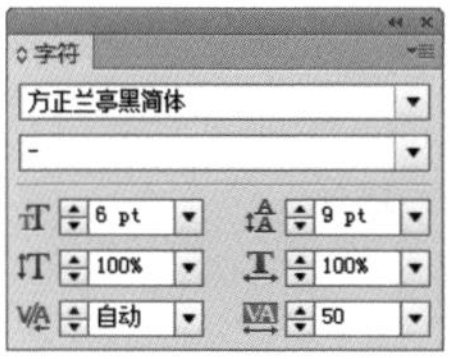

图7-81

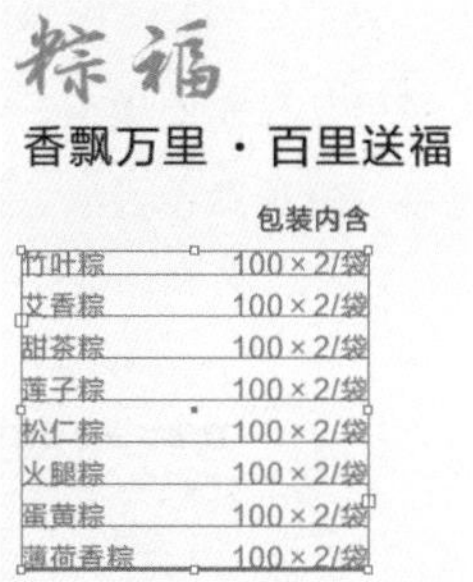

图7-82

图7-87

（15）选择"直线段"工具，按住Shift键的同时，在页面适当的位置拖曳鼠标绘制一条直线段，填充直线为黑色。在属性栏中将"描边粗细"选项设为0.5pt，按Enter键确认操作，效果如图7-83所示。选择"选择"工具，按住Alt+Shift组合键的同时，垂直向下拖曳直线段到适当的位置，复制直线段，效果如图7-84所示。

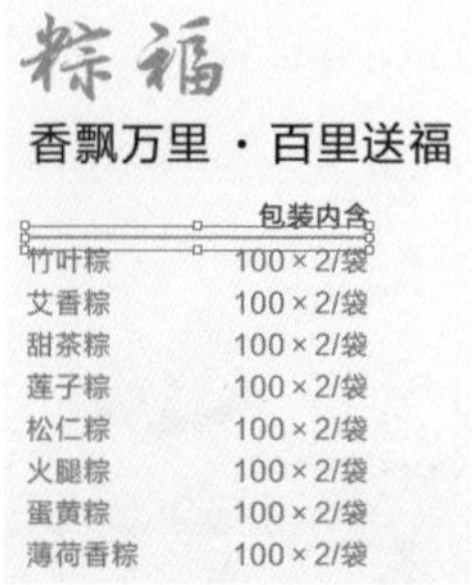

图7-83

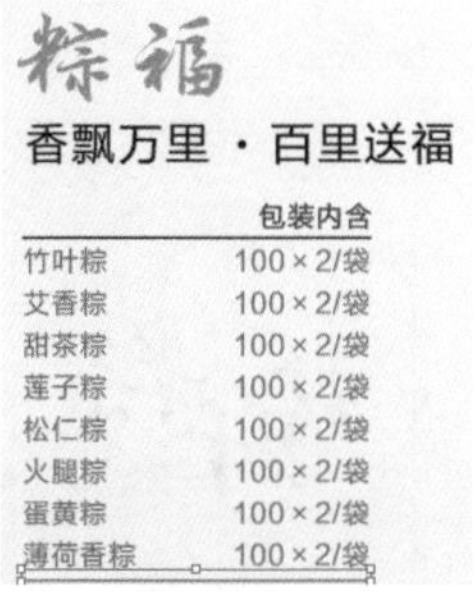

图7-84

（16）选择"文字"工具，在页面中适当的位置输入文字并选取文字，在属性栏中选择合适的字体并设置文字大小，如图7-85所示。选取需要的文字，在属性栏中选择合适的字体和文字大小，设置填充色为红色（其C、M、Y、K的值分别为0、100、100、20），填充文字，效果如图7-86所示。用相同的方法制作其他文字效果，如图7-87所示。

图7-85

图7-86

（17）选择"文字"工具，在适当的位置输入需要的文字，选择"选择"工具，在属性栏中选择合适的字体并设置文字大小。设置填充色为红色（其C、M、Y、K的值分别为0、100、100、20），填充文字，如图7-88所示。在"字符"控制面板中，将"设置所选字符的字距调整"选项设为50，如图7-89所示，按Enter键确认操作，效果如图7-90所示。

图7-88

图7-89

图7-90

（18）选择"文字"工具，选取需要的文字，如图7-91所示。在属性栏中选择合适的字体，取消文字的选取状态，效果如图7-92所示。

图7-91

图7-92

（19）选择"直线段"工具 ，按住Shift键的同时，在页面适当的位置拖曳鼠标绘制一条直线段，填充直线段为黑色。在"描边"控制面板中，选项的设置如图7-93所示，按Enter键确认操作，效果如图7-94所示。

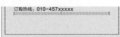

图7-93　　　　　　图7-94

（20）选择"文字"工具 ，在适当的位置输入需要的文字，选择"选择"工具 ，在属性栏中选择合适的字体并设置文字大小，填充文字为黑色，如图7-95所示。在"字符"控制面板中，将"设置所选字符的字距调整"选项 设为50，如图7-96所示，按Enter键确认操作，效果如图7-97所示。

图7-95

图7-96　　　　　　图7-97

（21）选择"文字"工具 ，在页面中适当的位置输入需要的文字，选择"选择"工具 ，在属性栏中选择合适的字体并设置文字大

小，效果如图7-98所示。将输入的文字选取。在"字符"控制面板中，将"设置所选字符的字距调整"选项 设为50，如图7-99所示，按Enter键确认操作，效果如图7-100所示。

图7-98

图7-99　　　　　　图7-100

（22）食品宣传单制作完成，效果如图7-101所示。按Ctrl+S组合键，弹出"存储为"对话框，将其命名为"食品宣传单设计"，保存文件为AI格式，单击"保存"按钮，保存文件。

图7-101

7.2 ▶ 课后习题——旅游宣传单设计

【**习题知识要点**】在Photoshop中，使用新建参考线命令添加参考线，使用渐变工具、图层面板和高斯模糊滤镜命令制作底图图像。在Illustrator中，使用文字工具、填充工具、描边控制面板和旋转工具制作标题文字，使用置入命令置入需要的图片，使用矩形工具和建立剪切蒙版命令制作宣传图片，使用投影命令为图形添加投影。旅游宣传单设计效果如图7-102所示。

【**效果所在位置**】Ch07/效果/旅游宣传单设计/旅游宣传单设计.ai。

图7-102

第 8 章

广告设计

本章介绍

广告以多样的形式出现在城市中，是城市商业发展的写照，它主要通过电视、报纸和霓虹灯等媒介来发布。好的广告要有较强的视觉冲击力，能抓住观众的视线。广告是重要的宣传媒体之一，具有实效性强、受众广泛、宣传力度大等特点。本章以汽车广告和咖啡厅广告设计为例，讲解广告的设计方法和制作技巧。

学习目标

◆ 掌握在Photoshop软件中制作广告背景图的方法。

◆ 掌握在Illustrator软件中添加广告语、标志及其他相关信息的技巧。

8.1 汽车广告设计

【案例学习目标】在Photoshop中，学习使用图层面板、绘图工具、渐变工具和滤镜命令制作广告背景图。在Illustrator中，学习使用文字工具、字符面板、绘图工具和建立剪切蒙版命令制作广告语。

【案例知识要点】在Photoshop中，使用高斯模糊滤镜命令、图层蒙版和渐变工具制作图片融合效果，使用色相/饱和度调整层和色阶调整层调整背景颜色，使用渐变工具和图层蒙版制作天空，使用钢笔工具、羽化命令和高斯模糊滤镜命令制作汽车阴影，使用填充命令和渲染滤镜命令添加光晕。在Illustrator中，使用绘图工具、渐变工具、变换命令、复合路径命令和路径查找器面板制作标志图形，使用文字工具、字符面板和对齐面板添加广告宣传语，使用矩形工具和创建剪切蒙版命令制作介绍图片。汽车广告设计效果如图8-1所示。

【效果所在位置】Ch08/效果/汽车广告设计/汽车广告设计.ai。

图8-1

Photoshop 应用

8.1.1 制作背景底图

（1）按Ctrl+N组合键，新建一个文件：宽度为70.6cm、高度为37.57cm，分辨率为150像素/英寸，颜色模式为RGB，背景内容为白色。

（2）按Ctrl+O组合键，打开本书学习资源中的"Ch08 > 素材 > 汽车广告设计 > 01"文件，选择"移动"工具，将图片拖曳到图像窗口中适当的位置，效果如图8-2所示。在"图层"控制面板中生成新的图层并将其命名为"图片"。按Ctrl+J组合键，复制图层，如图8-3所示。

图8-2   图8-3

（3）选择"滤镜 > 模糊 > 高斯模糊"命令，弹出"高斯模糊"对话框，选项的设置如图8-4所示，单击"确定"按钮，效果如图8-5所示。

图8-4

图8-5

（4）单击"图层"控制面板下方的"添加图层蒙版"按钮，为图层添加蒙版，如图8-6所示。选择"渐变"工具，单击属性栏中的"点按可编辑渐变"按钮，弹出"渐变编辑器"对话框，将渐变色设为从白色到黑色，单击"确定"按钮。在图像窗口的中心位置从上向下拖曳渐变色，效果如图8-7所示。

图8-6　　　　　　　　图8-7

（5）单击"图层"控制面板下方的"创建新的填充或调整图层"按钮 ◯ ，在弹出的菜单中选择"色相/饱和度"命令，在"图层"控制面板中生成"色相/饱和度1"图层，同时弹出"色相/饱和度"面板，设置如图8-8所示，按Enter键确认操作，效果如图8-9所示。

图8-8　　　　　　　　图8-9

（6）单击"图层"控制面板下方的"创建新的填充或调整图层"按钮 ◯ ，在弹出的菜单中选择"色阶"命令，在"图层"控制面板中生成"色阶1"图层，同时弹出"色阶"面板，设置如图8-10所示，按Enter键确认操作，效果如图8-11所示。

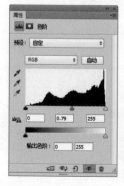

图8-10　　　　　　　图8-11

（7）新建图层并将其命名为"天空"。选择"渐变"工具 ▦ ，单击属性栏中的"点按可编辑渐变"按钮 ▭▾ ，弹出"渐变编辑器"对话框，将渐变颜色设为从湖蓝色（其R、G、B的值分别为5、145、218）到蓝色（其R、G、B的值分别为61、216、255），如图8-12所示，单击"确定"按钮。按住Shift键的同时，在图像窗口中由上至下拖曳渐变色，效果如图8-13所示。

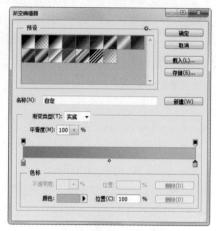

图8-12

图8-13

（8）单击"图层"控制面板下方的"添加图层蒙版"按钮 ▣ ，为图层添加蒙版。选择"渐变"工具 ▦ ，单击属性栏中的"点按可编辑渐变"按钮 ▭▾ ，弹出"渐变编辑器"对话框，将渐变色设为从黑色到白色，单击"确定"按钮。在图像窗口上方从下向上拖曳渐变色，效果如图8-14所示。

（9）按Ctrl+O组合键，打开本书学习资源中的"Ch08 > 素材 > 汽车广告设计 > 02"文件，选择"移动"工具 ▸+ ，将图片拖曳到图像窗口中适当的位置，效果如图8-15所示，在"图层"控制面板中生成新的图层并将其命名为"云"。

图8-14　　　　图8-15

（10）按Ctrl+O组合键，打开本书学习资源中的"Ch08 > 素材 > 汽车广告设计 > 03"文件，选择"移动"工具，将汽车图片拖曳到图像窗口中适当的位置，效果如图8-16所示，在"图层"控制面板中生成新的图层并将其命名为"车"。

（11）按Ctrl+T组合键，在图像周围出现变换框，在变换框中单击鼠标右键，在弹出的菜单中选择"水平翻转"命令，水平翻转图片，按Enter键确认操作，效果如图8-17所示。

图8-16　　　　图8-17

（12）新建图层并将其命名为"阴影1"。将前景色设为黑色。选择"钢笔"工具，在属性栏的"选择工具模式"选项中选择"路径"，在图像窗口中绘制需要的路径，效果如图8-18所示。按Ctrl+Enter组合键，将路径转换为选区。按Alt+Delete组合键，用前景色填充选区。按Ctrl+D组合键，取消选区，效果如图8-19所示。

图8-18　　　　图8-19

（13）选择"滤镜 > 模糊 > 高斯模糊"命令，弹出"高斯模糊"对话框，选项的设置如图8-20所示，单击"确定"按钮，效果如图8-21所示。

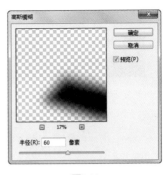

图8-20

图8-21

（14）新建图层并将其命名为"阴影2"。选择"钢笔"工具，在图像窗口中绘制需要的路径，效果如图8-22所示。按Ctrl+Enter组合键，将路径转换为选区。按Alt+Delete组合键，用前景色填充选区。按Ctrl+D组合键，取消选区，效果如图8-23所示。

图8-22　　　　图8-23

（15）选择"滤镜 > 模糊 > 高斯模糊"命令，弹出"高斯模糊"对话框，选项的设置如图8-24所示，单击"确定"按钮，效果如图8-25所示。

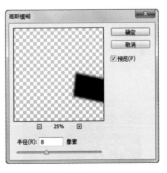

图8-24

图8-25

（16）在"图层"控制面板中，将"车"图层拖曳到"阴影2"图层的上方，如图8-26所示，图像效果如图8-27所示。

图8-26　　　　　　　　图8-27

（17）新建图层并将其命名为"光晕"。按Alt+Delete组合键，用前景色填充图层。选择"滤镜 > 渲染 > 光晕"命令，弹出"镜头光晕"对话框，在左侧的示例框中拖曳十字图标到适当的位置，其他选项的设置如图8-28所示，单击"确定"按钮，效果如图8-29所示。

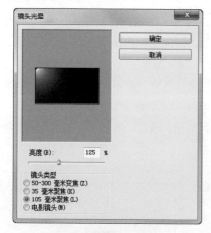

图8-28

图8-29

（18）在"图层"控制面板上方，将"光晕"图层的混合模式选项设为"滤色"，效果如图8-30所示。单击"图层"控制面板下方的"添加图层蒙版"按钮 ▣，为图层添加蒙版，如图8-31所示。

图8-30　　　　　　　　图8-31

（19）选择"画笔"工具 ✎，在属性栏中单击"画笔"选项右侧的按钮 ·，在弹出的面板中选择需要的画笔形状，如图8-32所示，在图像窗口中拖曳鼠标擦除不需要的图像，效果如图8-33所示。汽车广告底图制作完成。

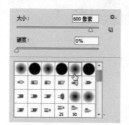

图8-32　　　　　　　　图8-33

（20）按Ctrl+S组合键，弹出"存储为"对话框，将其命名为"汽车广告底图"，保存为JPEG格式，单击"保存"按钮，弹出"JPEG选项"对话框，单击"确定"按钮，将图像保存。

Illustrator 应用

8.1.2　制作广告语

（1）打开Illustrator 软件，按Ctrl+N组合键，弹出"新建文档"对话框，选项的设置如图8-34所示，单击"确定"按钮，新建一个文档。

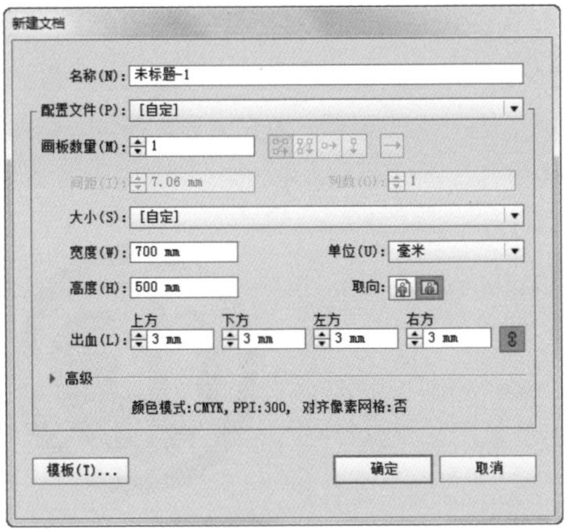

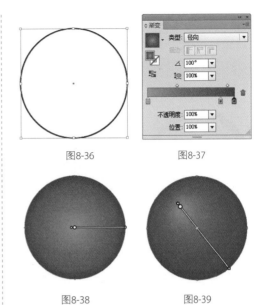

图8-34

图8-36   图8-37

图8-38   图8-39

（2）选择"文件 > 置入"命令，弹出"置入"对话框，选择本书学习资源中的"Ch08 > 效果 > 汽车广告设计 > 汽车广告底图"文件，单击"置入"按钮，将图片置入页面中。在属性栏中单击"嵌入"按钮，嵌入图片。选择"选择"工具 ，将图片拖曳到适当的位置并调整其大小，如图8-35所示。

（4）选择"选择"工具 ，选取圆形。选择"对象 > 变换 > 缩放"命令，在弹出的"比例缩放"对话框中进行设置，如图8-40所示，单击"复制"按钮，复制出一个圆形。填充图形为白色，效果如图8-41所示。

图8-35

（3）选择"椭圆"工具 ，按住Shift键的同时，在页面空白处绘制一个圆形，如图8-36所示。双击"渐变"工具 ，弹出"渐变"控制面板，在色带上设置3个渐变滑块，分别将渐变滑块的位置设为0、84、100，并设置C、M、Y、K的值分别为0（0、50、100、0）、84（15、80、100、0）、100（19、88、100、20），如图8-37所示。填充图形，并设置描边色为无，效果如图8-38所示。在圆形中从左上方至右下方拖曳渐变，效果如图8-39所示。

图8-40

图8-41

（5）按Ctrl+D组合键，再复制出一个圆形。按住Shift键的同时，选中两个白色圆形，如图8-42所示。选择"对象 > 复合路径 > 建立"命令，创建复合路径，效果如图8-43所示。

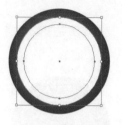 

图8-42　　　　　　　图8-43

（6）选择"文字"工具 T ，在页面中适当的位置输入需要的文字。选择"选择"工具 ，在属性栏中选择合适的字体并设置文字大小，填充文字为白色，效果如图8-44所示。按Shift+Ctrl+O组合键，创建文字轮廓，如图8-45所示。

图8-44　　　　　　　图8-45

（7）按住Shift键的同时，选中文字与白色圆形。选择"窗口 > 路径查找器"命令，弹出"路径查找器"控制面板，单击"联集"按钮 ，如图8-46所示，生成新的对象，效果如图8-47所示。

图8-46　　　　　　　图8-47

（8）选择"星形"工具 ，在页面中单击鼠标左键，在弹出的对话框中进行设置，如图8-48所示，单击"确定"按钮，生成一个星形。选择"选择"工具 ，填充图形为白色，并将其拖曳到适当的位置，效果如图8-49所示。

图8-48　　　　　　　图8-49

（9）选择"对象 > 变换 > 倾斜"命令，在弹出的对话框中进行设置，如图8-50所示，单击"确定"按钮，效果如图8-51所示。

图8-50

图8-51

（10）按住Alt键的同时，向右上方拖曳鼠标，复制一个星形，调整其大小，效果如图8-52所示。用相同的方法再复制两个星形，并分别调整其大小与位置，效果如图8-53所示。

图8-52   图8-53

（11）选择"选择"工具 🔳，按住Shift键的同时，选中需要的图形，如图8-54所示。按Ctrl+G组合键，将其编组。在"渐变"控制面板中，将渐变色设为从白色到浅灰色（其C、M、Y、K的值分别为0、0、0、30），其他选项的设置如图8-55所示，图形被填充渐变色，效果如图8-56所示。选择"渐变"工具 🔳，在圆形中从上方至下方拖曳渐变色，效果如图8-57所示。

图8-54   图8-55

图8-56   图8-57

（12）选择"选择"工具 🔳，选择图形。按Ctrl+C组合键，复制图形。按Shift+Ctrl+V组合键，就地粘贴图形，并填充为黑色，效果如图8-58所示。按Ctrl+[组合键，将图形后移一层，并拖曳上方的渐变图形到适当的位置，效果如图8-59所示。用圈选的方法选取标志图形，将其拖曳到页面中的适当位置，效果如图8-60所示。

图8-58   图8-59

图8-60

（13）选择"文字"工具 🔳，在适当的位置分别输入需要的文字。选择"选择"工具 🔳，在属性栏中选择合适的字体并设置文字大小，效果如图8-61所示。按住Shift键的同时，选取输入的文字。选择"窗口 > 对齐"命令，弹出"对齐"控制面板，单击"水平居中对齐"按钮 🔳，如图8-62所示，对齐文字，效果如图8-63所示。

图8-61

图8-62   图8-63

（14）选择"文字"工具 🔳，在适当的位置分别输入需要的文字。选择"选择"工具 🔳，在属性栏中分别选择合适的字体并设置文字大小，效果如图8-64所示。按住Shift键的同时，选取输入的文字。在"对齐"控制面板中，单击"水平左对齐"按钮 🔳，如图8-65所示，对齐文字，效果如图8-66所示。

图8-64

图8-65

图8-66

（15）选择"文字"工具 $\boxed{T}$ ，在页面中适当的位置输入需要的文字。选择"选择"工具 $\boxed{\uparrow}$ ，在属性栏中选择合适的字体并设置文字大小，效果如图8-67所示。选择"文字"工具 $\boxed{T}$ ，在页面中适当的位置拖曳出一个文本框，输入需要的文字。选择"选择"工具 $\boxed{\uparrow}$ ，在属性栏中选择合适的字体并设置文字大小，效果如图8-68所示。

图8-67

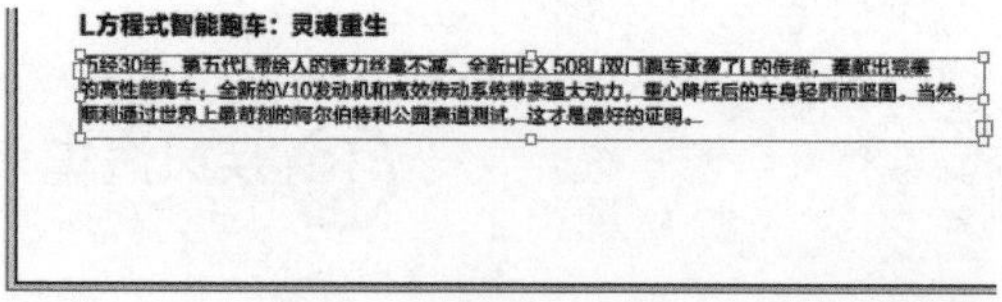

图8-68

（16）选择"窗口＞文字＞字符"命令，弹出"字符"控制面板，将"设置行距"选项 设为32pt，如图8-69所示，按Enter键确认操作，效果如图8-70所示。

图8-69

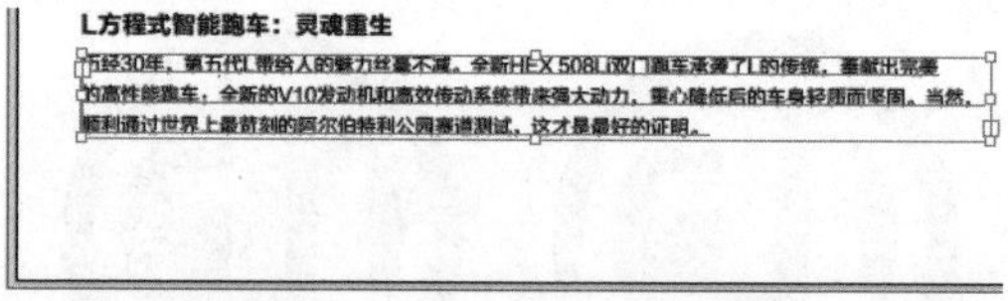

图8-70

（17）选择"选择"工具 $\boxed{\uparrow}$ ，按住Shift键的同时，选取需要的文字。在"对齐"控制面板中，单击"水平左对齐"按钮 ，如图8-71所示，对齐文字，效果如图8-72所示。

图8-71

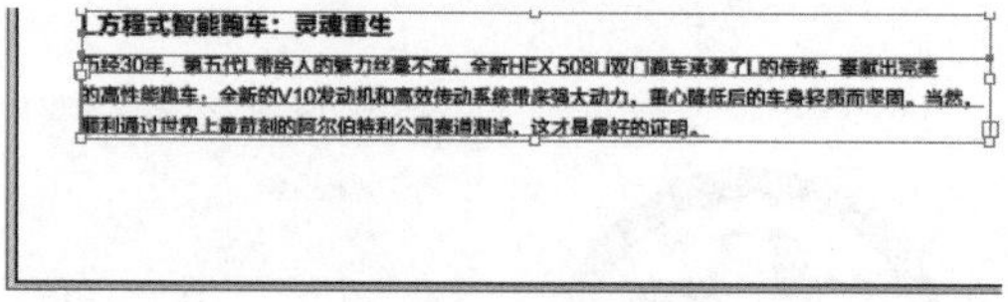

图8-72

（18）选择"矩形"工具 $\boxed{\square}$ ，按住Shift键的同时，在适当的位置绘制一个正方形，如图8-73所示。选择"选择"工具 $\boxed{\uparrow}$ ，按住Alt+Shift组合键的同时，水平向右拖曳到适当的位置，复制正方形，如图8-74所示。按两次Ctrl+D组合键，按需要再制出2个正方形，效果如图8-75所示。

图8-73

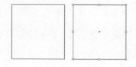

图8-74

图8-75

（19）选择"文件 > 置入"命令，弹出"置入"对话框，选择本书学习资源中的"Ch08 > 素材 > 汽车广告设计 > 04"文件，单击"置入"按钮，将图片置入页面中。在属性栏中单击"嵌入"按钮，嵌入图片。选择"选择"工具 ，将其拖曳到适当的位置并调整其大小，效果如图8-76所示。

图8-76

（20）多次按Ctrl+[组合键，将图片后移，如图8-77所示。按住Shift键的同时，选中图片与上方的图形，如图8-78所示。选择"对象 > 剪贴蒙版 > 建立"命令，创建蒙版效果，效果如图8-79所示。

图8-77

图8-78

图8-79

（21）选择"文字"工具 ，在页面中适当的位置输入需要的文字。选择"选择"工具 ，在属性栏中选择合适的字体并设置文字大小，效果如图8-80所示。用相同的方法置入

图8-80

其他图片并创建剪贴蒙版，在图片下方分别添加适当的文字，效果如图8-81所示。

真皮座椅　　　多角度车灯　　　简约式车门　　　自动化操作

图8-81

（22）选择"矩形"工具 ，在适当的位置绘制一个矩形。设置填充色为灰色（其C、M、Y、K的值分别为22、20、23、20），填充图形，并设置描边色为无，效果如图8-82所示。

图8-82

（23）选择"文字"工具 ，在适当的位置分别输入需要的文字。选择"选择"工具 ，在属性栏中选择合适的字体并设置文字大小，效果如图8-83所示。

图8-83

（24）汽车广告制作完成，效果如图8-84所示。按Ctrl+S组合键，弹出"存储为"对话框，将其命名为"汽车广告设计"，保存文件为AI格式，单击"保存"按钮，将文件保存。

图8-84

【案例学习目标】在Photoshop中，学习使用图层混合模式和图层样式制作广告背景图。在Illustrator中，学习使用绘图工具、文字工具、字符面板、描边控制面板和填色命令制作标牌和广告信息。

【案例知识要点】在Photoshop中，使用移动工具和图层的混合模式制作图片融合，使用图层样式添加描边和内阴影。在Illustrator中，使用星形工具、椭圆工具、描边控制面板和填充工具制作标牌底图，使用椭圆工具、路径文字工具和选择工具制作路径文字，使用文字工具和字符面板添加信息文字，使用复制命令和镜像工具制作装饰图形，使用符号库命令和椭圆工具制作图标。咖啡厅广告设计效果如图8-85所示。

【效果所在位置】Ch08/效果/咖啡厅广告设计/咖啡厅广告设计.ai。

图8-85

Photoshop 应用

8.2.1 制作背景图

（1）按Ctrl＋N组合键，新建一个文件：宽度为21cm，高度为30.3cm，分辨率为300像素/英寸，颜色模式为RGB，背景内容为白色。将前景色设为黑色。按Alt+Delete组合键，用前景色填充背景，如图8-86所示。

（2）按Ctrl＋O组合键，打开本书学习资源中的"Ch08 > 素材 > 咖啡厅广告设计 > 01"文件，选择"移动"工具，将01图片拖曳到图像窗口中适当的位置，效果如图8-87所示，在"图层"控制面板中生成新的图层并将其命名为"底图"。

图8-86　　　　　　图8-87

（3）在"图层"控制面板上方，将"底图"图层的混合模式选项设为"滤色"，如图8-88所示，图像效果如图8-89所示。

图8-88　　　　　　图8-89

（4）按Ctrl＋O组合键，打开本书学习资源中的"Ch08 > 素材 > 咖啡厅广告设计 > 02、03"文件，选择"移动"工具，将图片分别拖曳到图像窗口中适当的位置，效果如图8-90所示，在"图层"控制面板中生成新的图层并将其命名为"咖啡机"和"咖啡豆"。

图8-90

（5）单击"图层"控制面板下方的"添加图
层样式"按钮 **fx.**，在弹出的菜单中选择"描边"
命令，弹出对话框，将描边颜色设为橙色（其
R、G、B的值分别为243、152、0），其他选项的
设置如图8-91所示。选择"内阴影"选项，弹出
相应的对话框，选项的设置如图8-92所示，单击
"确定"按钮，效果如图8-93所示。

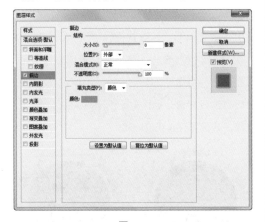

图8-91

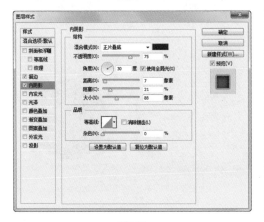

图8-92

图8-93

（6）咖啡厅广告背景制作完成。按Shift+
Ctrl+S组合键，弹出"存储为"对话框，将其命
名为"咖啡厅广告背景"，保存为JPEG格式，单
击"保存"按钮，弹出"JPEG选项"对话框，单
击"确定"按钮，将图像保存。

Illustrator 应用

8.2.2 制作标牌图形

（1）打开Illustrator软件，按Ctrl+N组合键，
新建一个文档，设置文档的宽度为210mm，高度
为297mm，取向为竖向，颜色模式为CMYK，单
击"确定"按钮。

（2）选择"文件 > 置入"命令，弹出"置
入"对话框，选择本书学习资源中的"Ch08 > 效
果 > 咖啡厅广告设计 > 咖啡厅广告背景"文件，
单击"置入"按钮，将图片置入页面中。单击属
性栏中的"嵌入"按钮，嵌入图片。

（3）选择"窗口 > 对齐"命令，弹出"对
齐"控制面板，将对齐方式设为"对齐画板"，
如图8-94所示。分别单击控制面板中的"水平居
中对齐"按钮 和"垂直居中对齐"按钮 ，图
片与页面居中对齐，效果如图8-95所示。

（4）选择"星形"工具 ，在页面中单击
鼠标左键，在弹出的对话框中进行设置，如图
8-96所示，单击"确定"按钮，生成一个星形。
选择"选择"工具 ，设置填充色为橙色（其
C、M、Y、K的值分别为0、45、100、0），填充
星形，并设置描边色为无，效果如图8-97所示。

图8-94　　　　　　　　　图8-95

图8-96　　　　　　　　　图8-97

（5）在图形的中心点拖曳垂直和水平参考线，如图8-98所示。选择"椭圆"工具 ，按住Alt+Shift组合键的同时，以中心点为中心绘制圆形，填充图形为白色，并设置描边色为无，效果如图8-99所示。

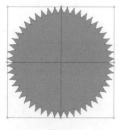

图8-98　　　　　　　　　图8-99

（6）按住Alt+Shift组合键的同时，以中心点为中心再次绘制圆形，设置填充色为无，描边色为咖啡色（其C、M、Y、K的值分别为60、100、100、60），填充描边，效果如图8-100所示。选择"窗口 > 描边"命令，弹出"描边"控制面板，选项的设置如图8-101所示，按Enter键确认操作，效果如图8-102所示。

图8-100

图8-101　　　　　　　　图8-102

（7）再次绘制圆形，设置填充色为咖啡色（其C、M、Y、K的值分别为60、100、100、60），填充圆形，并设置描边色为无，效果如图8-103所示。再绘制一个圆形，设置填充色为无，填充描边色为白色，如图8-104所示。在"描边"面板中进行设置，如图8-105所示，按Enter键确认操作，效果如图8-106所示。

图8-103　　　　　　　　图8-104

图8-105　　　　　　　　图8-106

（8）用相同的方法再次绘制圆形，如图8-107所示。选择"路径文字"工具 ，在圆形上单击，插入光标，如图8-108所示。

图8-107　　　　　　图8-108

（9）输入需要的文字并选取文字，在属性栏中选择合适的字体并设置文字大小，填充为白色，效果如图8-109所示。选择"窗口 > 文字 > 字符"命令，弹出"字符"控制面板，选项的设置如图8-110所示，按Enter键确认操作，效果如图8-111所示。

图8-109

图8-110　　　　　　图8-111

（10）选择"选择"工具 ，将光标放在适当的位置，光标变为 图标，如图8-112所示，拖曳到适当的位置，调整文字位置，效果如图8-113所示。用相同的方法制作其他路径文字，效果如图8-114所示。

图8-112

图8-113　　　　　　图8-114

（11）选择"文字"工具 ，在适当的位置分别输入需要的文字，选择"选择"工具 ，在属性栏中分别选择合适的字体并设置文字大小，填充为白色，效果如图8-115所示。选取下方的文字。在"字符"控制面板中进行设置，如图8-116所示，按Enter键确认操作，效果如图8-117所示。用圈选的方法将标牌图形同时选取，拖曳到适当的位置，效果如图8-118所示。

图8-115　　　　　　图8-116

图8-117　　　　　　图8-118

8.2.3 添加广告信息

（1）选择"文字"工具 T，在适当的位置输入需要的文字，选择"选择"工具 ▶，在属性栏中选择合适的字体并设置文字大小。设置填充色为橙色（其C、M、Y、K的值分别为0、45、100、0），填充文字，效果如图8-119所示。在"字符"控制面板中进行设置，如图8-120所示，按Enter键确认操作，效果如图8-121所示。

图8-119

图8-120　　　　图8-121

（2）按Ctrl+O组合键，打开本书学习资源中的"Ch08 > 素材 > 咖啡厅广告设计 > 04"文件，选择"选择"工具 ▶，选取图形，按Ctrl+C组合键，复制图形。选择正在编辑的页面，按Ctrl+V组合键，将其粘贴到页面中。拖曳复制的图形到适当的位置，并调整其大小，效果如图8-122所示。

图8-122

（3）选择"镜像"工具 ▷，在图形右侧单击确认变换中心点，如图8-123所示。按住Alt+Shift组合键的同时，将图形拖曳到适当的位置，复制并镜像图形，效果如图8-124所示。选择"文字"工具 T，在适当的位置输入需要的文字，选择"选择"工具 ▶，在属性栏中选择合适的字体并设置文字大小。设置填充色为咖啡色（其C、M、Y、K的值分别为60、100、100、60），填充文字，效果如图8-125所示。

图8-123

图8-124

图8-125

（4）在"字符"控制面板中进行设置，如图8-126所示，按Enter键确认操作，效果如图8-127所示。

图8-126

图8-127

（5）选择"文件 > 置入"命令，弹出"置入"对话框，选择本书学习资源中的"Ch08 > 素材 > 咖啡厅广告设计 > 05"文件，单击"置入"按钮，将图片置入页面中。单击属性栏中的"嵌入"按钮，嵌入图片。选择"选择"工具 ▶，拖曳图片到适当的位置，效果如图8-128所示。

图8-128

（6）选择"直线段"工具 ╱，按住Shift键的同时，在适当位置拖曳鼠标绘制一条直线段。设置描边色为橙色（其C、M、Y、K的值分别为0、45、100、0），填充直线段。在属性栏中将"描边粗细"选项设为2pt，按Enter键确认操作，效果如图8-129所示。

图8-129

（7）在"描边"控制面板中进行设置，如图8-130所示，按Enter键确认操作，效果如图8-131所示。选择"选择"工具，按住Alt键的同时，拖曳虚线到适当的位置，复制虚线，效果如图8-132所示。

图8-130

图8-131

图8-132

（8）选择"文字"工具 T，在适当的位置输入需要的文字，选择"选择"工具，在属性栏中选择合适的字体并设置文字大小。设置填充色为浅黄色（其C、M、Y、K的值分别为0、15、40、0），填充文字，效果如图8-133所示。

图8-133

（9）在"字符"控制面板中进行设置，如图8-134所示，按Enter键确认操作，效果如图8-135

所示。

图8-134

图8-135

（10）选择"窗口 > 符号库 > 地图"命令，在弹出的面板中选择需要的符号，如图8-136所示，拖曳到页面中适当的位置，效果如图8-137所示。在符号图形上单击鼠标右键，在弹出的菜单中选择"断开符号链接"命令，断开符号链接，如图8-138所示。再次单击鼠标右键，在弹出的菜单中选择"取消编组"命令，取消图形编组，如图8-139所示。

图8-136

图8-137   图8-138   图8-139

（11）选择"选择"工具，选取黑色底图，按Delete键，删除底图。选择图形，如图8-140所示。选择"旋转"工具，拖曳鼠标将其旋转到适当的角度，效果如图8-141所示。选择"椭圆"工具，按住Shift键的同时，在页面中适当的位置绘制一个圆形。设置填充色为无，填充描边色为白色，效果如图8-142所示。

图8-140　　　　　图8-141　　　　　图8-142

（12）选择"选择"工具▶，用圈选的方法将需要的图形同时选取，拖曳到适当的位置，效果如图8-143所示。选择"文字"工具T，在适当的位置分别输入需要的文字并选取文字，在属性栏中选择合适的字体并设置文字大小。设置填充色为浅黄色（其C、M、Y、K的值分别为0、15、40、0），填充文字。取消文字选取状态，效果如图8-144所示。

图8-143

图8-144

（13）选择"选择"工具▶，选取需要的文字。在"字符"控制面板中进行设置，如图8-145所示，按Enter键确认操作，效果如图8-146所示。

图8-145

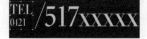

图8-146

（14）选择"文字"工具T，选取需要的文

字。在"字符"控制面板中进行设置，如图8-147所示，按Enter键确认操作，效果如图8-148所示。选择"选择"工具▶，选取需要的文字。在"字符"控制面板中进行设置，如图8-149所示，按Enter键确认操作，效果如图8-150所示。

图8-147

图8-148

图8-149

图8-150

（15）咖啡厅广告制作完成，如图8-151所示。按Ctrl+S组合键，弹出"存储为"对话框，将其命名为"咖啡厅广告设计"，保存为AI格式，单击"保存"按钮，将文件保存。

图8-151

8.3 课后习题——家电广告设计

【习题知识要点】在Photoshop中，使用渐变工具、钢笔工具和填充命令制作底图，使用椭圆工具和图层样式制作装饰圆形，使用移动工具添加主体和装饰图片。在Illustrator中，使用文字工具、字符面板、旋转工具和投影命令制作广告语，使用矩形工具、钢笔工具和直接选择工具制作装饰图形，使用椭圆工具和剪刀工具制作圆弧。家电广告设计效果如图8-152所示。

【效果所在位置】Ch08/效果/家电广告设计/家电广告设计.ai。

图8-152

第 *9* 章

招贴设计

本章介绍

　　招贴具有画面大、内容广泛、艺术表现力丰富和远视效果强烈的特点，在表现广告主题的深度和增加艺术魅力、审美效果方面十分出色。本章以店庆招贴和街舞大赛招贴设计为例，讲解招贴的设计方法和制作技巧。

学习目标

◆ 掌握在Photoshop软件中制作背景图和产品图片的方法。

◆ 掌握在Illustrator软件中制作宣传语及其他相关信息的技巧。

9.1 店庆招贴设计

【案例学习目标】在Photoshop中，学习使用绘图工具、复制命令和路径选择工具制作招贴背景。在Illustrator中，学习使用绘图工具、文字工具和字符面板制作宣传信息。

【案例知识要点】在Photoshop中，使用钢笔工具和复制命令绘制放射光和城市图形，使用椭圆工具和路径选择工具制作装饰图形，使用移动工具添加主体图片。在Illustrator中，使用文字工具、字符面板、描边命令、投影命令、倾斜工具和旋转工具制作宣传语和相关信息，使用直线段工具、钢笔工具和椭圆工具添加装饰图形，使用椭圆工具和字符库面板添加字符。店庆招贴设计效果如图9-1所示。

【效果所在位置】Ch09/效果/店庆招贴设计/店庆招贴设计.ai。

图9-1

Photoshop 应用

9.1.1 制作招贴背景

（1）按Ctrl＋N组合键，新建一个文件：宽度为21.6cm，高度为29.1cm，分辨率为150像素/英寸，颜色模式为RGB，背景内容为白色。将前景色设为浅黄色（其R、G、B的值分别为255、237、210）。按Alt+Delete组合键，用前景色填充背景图层，效果如图9-2所示。

图9-2

（2）将前景色设为肤色（其R、G、B的值分别为245、211、187）。选择"钢笔"工具，在属性栏的"选择工具模式"选项中选择"形状"，在图像窗口中绘制形状，如图9-3所示，在"图层"控制面板中生成新的图层"形状1"。

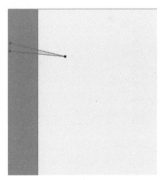

图9-3

（3）按Alt+Ctrl+T组合键，在图像周围出现变换框，将变换中心点拖曳到适当的位置，如图9-4所示。拖曳鼠标旋转并复制图形，按Enter键确认操作，效果如图9-5所示。多次按Shift+Alt+Ctrl+T组合键，旋转并复制多个图形，效果如图9-6所示。

图9-4

图9-5

图9-6

（4）将前景色设为浅棕色（其R、G、B的值分别为235、177、124）。选择"钢笔"工具 ，在图像窗口中绘制形状，如图9-7所示，在"图层"控制面板中生成新的图层"形状2"。在属性栏中单击"路径操作"按钮 ，在弹出的面板中选择"减去顶层对象"，在图像窗口中多个位置绘制图形，效果如图9-8所示。

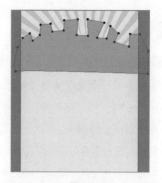

图9-7

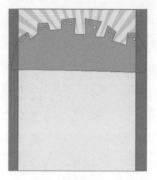

图9-8

（5）将前景色设为肤色（其R、G、B的值分别为246、212、171）。选择"椭圆"工具 ，在属性栏的"选择工具模式"选项中选择"形状"，按住Shift键的同时，在图像窗口中绘制圆形，如图9-9所示，在"图层"控制面板中生成新的图层"椭圆1"。

图9-9

（6）选择"路径选择"工具 ，选取圆形，按住Alt键的同时，拖曳圆形到适当的位置，复制圆形，如图9-10所示。多次拖曳并复制圆形，效果如图9-11所示。

图9-10

图9-11

（7）用相同的方法制作其他浅黄色（其R、G、B的值分别为250、233、209）圆形，效果如图9-12所示。按Ctrl＋O组合键，打开本书学习资源中的"Ch09 > 素材 > 店庆招贴设计 > 01、02"文件，选择"移动"工具，将图片分别拖曳到图像窗口中适当的位置，效果如图9-13所示，在"图层"控制面板中生成新的图层并将其命名为"装饰"和"红包"。

图9-12

图9-13

（8）将前景色设为红色（其R、G、B的值分别为206、57、51）。选择"钢笔"工具，在图像窗口中绘制形状，如图9-14所示，在"图层"控制面板中生成新的图层"形状3"。用相同的方法在右下角绘制形状，效果如图9-15所示。

图9-14

图9-15

（9）按Alt+Ctrl+T组合键，在图像周围出现变换框，在变换框中单击鼠标右键，在弹出的菜单中选择"水平翻转"命令，水平翻转图形，拖曳到适当的位置，按Enter键确认操作，效果如图9-16所示。

图9-16

（10）按Shift+Ctrl+E组合键，合并可见图层。按Ctrl+S组合键，弹出"存储为"对话框，将其命名为"店庆招贴背景"，保存为JPEG格式，单击"保存"按钮，弹出"JPEG选项"对话框，单击"确定"按钮，将图像保存。

Illustrator 应用

9.1.2 添加宣传信息

（1）打开Illustrator软件，按Ctrl+N组合键，新建一个文档，宽度为210mm，高度为285mm，颜色模式为CMYK，单击"确定"按钮。选择"文件 > 置入"命令，弹出"置入"对话框，选择本书学习资源中的"Ch09 > 效果 > 店庆招贴设计 > 店庆招贴背景"文件，单击"置入"按钮，置入文件。单击属性栏中的"嵌入"按钮，嵌入图片，效果如图9-17所示。

图9-17

（2）选择"选择"工具，选取图片。选择"窗口 > 对齐"命令，弹出"对齐"面板，将"对齐"选项设为"对齐画板"，如图9-18所示，单击"垂直居中对齐"按钮和"水平居中对齐"按钮，居中对齐页面，效果如图9-19所示。按Ctrl+2组合键，锁定图片。

图9-18

图9-19

（3）选择"文字"工具，在适当的位置输入需要的文字并分别选取文字，在属性栏中分别选择合适的字体和文字大小，填充文字为白色，效果如图9-20所示。分别选取文字，设置填充色为橙色（其C、M、Y、K的值分别为8、22、78、0），填充文字，效果如图9-21所示。

图9-20

图9-21

（4）选择"选择"工具，选取文字。选择"窗口 > 文字 > 字符"命令，弹出"字符"面板，选项的设置如图9-22所示，按Enter键确认操作，效果如图9-23所示。

图9-22

图9-23

（5）选择"文字"工具T，在适当的位置单击插入光标，如图9-24所示。在"字符"控制面板中，将"设置两个字符间的字距微调"选项₭设为-100，如图9-25所示，按Enter键确认操作，文字效果如图9-26所示。

图9-24

图9-25

图9-26

（6）选择"选择"工具▶，选取文字。按Ctrl+C组合键，复制文字。按Ctrl+F组合键，原位粘贴文字，如图9-27所示。设置描边色为暗红

色（其C、M、Y、K的值分别为37、95、100、3），填充描边。在属性栏中将"描边粗细"选项设置为16pt，按Enter键确认操作，效果如图9-28所示。

图9-27

图9-28

（7）按Ctrl+ [组合键，后移文字，效果如图9-29所示。选择"效果 > 风格化 > 投影"命令，在弹出的对话框中进行设置，如图9-30所示，单击"确定"按钮，效果如图9-31所示。选择"倾斜"工具▣，向右拖曳鼠标倾斜文字，效果如图9-32所示。

图9-29

图9-30

135

图9-31

图9-32

（8）选择"旋转"工具 ，拖曳鼠标旋转文字，效果如图9-33所示。选择"文件 > 置入"命令，弹出"置入"对话框，选择本书学习资源中的"Ch09 > 素材 > 店庆招贴设计 > 03"文件，单击"置入"按钮，置入文件。单击属性栏中的"嵌入"按钮，嵌入图片。选择"选择"工具 ，拖曳图片到适当的位置，效果如图9-34所示。

图9-33

图9-34

（9）选择"文字"工具 ，在适当的位置输入需要的文字。选择"选择"工具 ，在属性

栏中分别选择合适的字体和文字大小，设置填充色为暗红色（其C、M、Y、K的值分别为37、95、100、3），填充文字，效果如图9-35所示。

图9-35

（10）在"字符"控制面板中进行设置，如图9-36所示，按Enter键确认操作，效果如图9-37所示。选择"旋转"工具 ，拖曳鼠标旋转文字，效果如图9-38所示。

图9-36

图9-37   图9-38

（11）选择"文字"工具 ，在适当的位置输入需要的文字，选择"选择"工具 ，在属性栏中选择合适的字体和文字大小，设置填充色为橙色（其C、M、Y、K的值分别为8、22、78、0），填充文字，效果如图9-39所示。

图9-39

（12）选择"直线段"工具，按住Shift键的同时，在适当的位置拖曳鼠标绘制直线段。设置描边色为暗红色（其C、M、Y、K的值分别为45、97、100、14），填充直线段。在属性栏中将"描边粗细"选项设为1pt，按Enter键确认操作，效果如图9-40所示。在"透明度"面板中进行设置，如图9-41所示，按Enter键确认操作，效果如图9-42所示。

图9-40

图9-41

图9-42

（13）选择"钢笔"工具，在适当的位置绘制图形。设置填充色为橘黄色（其C、M、Y、K的值分别为4、68、91、0），填充图形，并设置描边色为无，效果如图9-43所示。选择"文字"工具，在适当的位置输入需要的文字。选择"选择"工具，在属性栏中选择合适的字体和文字大小，填充文字为白色，效果如图9-44所示。

图9-43

图9-44

（14）选择"椭圆"工具，按住Shift键的

同时，在适当的位置绘制圆形。设置填充色为暗红色（其C、M、Y、K的值分别为45、97、100、14），填充图形，并设置描边色为无，效果如图9-45所示。

图9-45

（15）选择"选择"工具，按住Shift+Alt组合键的同时，水平向右拖曳图形到适当的位置，复制图形，效果如图9-46所示。连续按Ctrl+D组合键，复制多个图形，效果如图9-47所示。用圈选的方法将需要的图形同时选取，按Ctrl+G组合键，编组图形，如图9-48所示。

图9-46

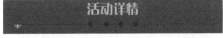

图9-47

图9-48

（16）选择"选择"工具，选取编组图形。按住Shift+Alt组合键的同时，垂直向下拖曳图形到适当的位置，复制图形，效果如图9-49所示。选择"文字"工具，选取需要的文字进行修改，效果如图9-50所示。

图9-49

137

图9-50

（17）选择"文字"工具 $\boxed{T}$，在适当的位置分别输入需要的文字并选取文字，在属性栏中分别选择合适的字体和文字大小，填充文字为白色，效果如图9-51所示。分别选取需要的文字，设置填充色为橙色（其C、M、Y、K值分别为8、22、78、0），填充文字，效果如图9-52所示。

图9-51

图9-52

（18）选择"椭圆"工具 $\boxed{\bigcirc}$，按住Shift键的同时，在适当的位置绘制圆形。设置描边色为橙色（其C、M、Y、K的值分别为8、22、78、0），填充描边，效果如图9-53所示。选择"钢笔"工具 $\boxed{\emptyset}$，在适当的位置绘制图形。设置填充色为浅黄色（其C、M、Y、K的值分别为10、17、83、0），填充图形，并设置描边色为无，效果如图9-54所示。用相同的方法再次绘制图形，并填充相同的颜色，效果如图9-55所示。

图9-53

图9-54

图9-55

（19）选择"选择"工具 $\boxed{\uparrow}$，将需要的图形同时选取，拖曳鼠标将其旋转到适当的角度，效果如图9-56所示。按住Alt键的同时，将其拖曳到适当的位置，复制图形，效果如图9-57所示。拖曳鼠标将其旋转到适当的角度，效果如图9-58所示。

图9-56   图9-57

图9-58

（20）选择"选择"工具 $\boxed{\uparrow}$，将需要的图形同时选取，按住Alt键的同时，将其拖曳到适当的位置，复制图形，效果如图9-59所示。选择"文字"工具 $\boxed{T}$，在适当的位置输入需要的文字，选择"选择"工具 $\boxed{\uparrow}$，在属性栏中选择合适的字体和文字大小，填充文字为白色，效果如图9-60所示。

图9-59

图9-60

（21）选择"椭圆"工具，按住Shift键的同时，在适当的位置绘制圆形。设置填充色为橙色（其C、M、Y、K的值分别为8、22、78、0），填充图形，并设置描边色为无，效果如图9-61所示。选择"窗口 > 符号库 > 箭头"命令，在弹出的面板中选取需要的符号，如图9-62所示，拖曳到页面中，如图9-63所示。

图9-61

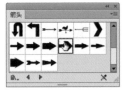

图9-62   图9-63

（22）选择"选择"工具，选取符号，单击鼠标右键，在弹出的菜单中选择"断开符

号链接"命令，断开符号链接，效果如图9-64所示，删除不需要的框。选取图形，设置填充色为红色（其C、M、Y、K的值分别为17、90、82、0），填充图形，效果如图9-65所示。拖曳到适当的位置，并调整其大小，效果如图9-66所示。

图9-64   图9-65

图9-66

（23）店庆招贴制作完成，效果如图9-67所示。按Ctrl+S组合键，弹出"存储为"对话框，将其命名为"店庆招贴设计"，保存文件为AI格式，单击"保存"按钮，将文件保存。

图9-67

9.2 ▶ 街舞大赛招贴设计

【案例学习目标】在Photoshop中，学习使用移动工具和混合模式制作背景效果。在Illustrator中，学习使用绘图工具、文字工具和字符面板制作宣传语和其他宣传信息。

【案例知识要点】在Photoshop中，使用移

动工具添加人物和建筑图片，使用图层的混合模式、不透明度选项和变换命令制作图片合成。在Illustrator中，使用矩形工具、钢笔工具和不透明度面板绘制图形，使用文字工具和字符面板制作宣传语和相关信息，使用椭圆工具、直线段工具

和复制命令制作装饰图形。街舞大赛招贴设计效果如图9-68所示。

【效果所在位置】Ch09/效果/街舞大赛招贴设计/街舞大赛招贴设计.ai。

图9-68

Photoshop 应用

9.2.1　制作背景效果

（1）按Ctrl＋N组合键，新建一个文件：宽度为21.6cm，高度为30.3cm，分辨率为150像素/英寸，颜色模式为RGB，背景内容为白色。将前景色设为暗红色（其R、G、B的值分别为184、0、0）。按Alt+Delete组合键，用前景色填充背景图层，效果如图9-69所示。

图9-69

（2）按Ctrl＋O组合键，打开本书学习资源中的"Ch09 > 素材 > 街舞大赛招贴设计 > 01"文件，选择"移动"工具，将01图片拖曳到图像窗口中适当的位置，并调整其大小，效果如图9-70所示，在"图层"控制面板中生成新的图层并将其命名为"人物1"。

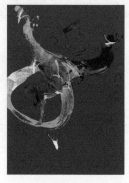

图9-70

（3）按Ctrl+J组合键，复制图层，如图9-71所示。单击副本图层左侧的眼睛图标，隐藏该图层。选中"人物1"图层，如图9-72所示。

图9-71　　　　　　　　　图9-72

（4）在"图层"控制面板上方，将"人物1"图层的混合模式选项设为"叠加"，"不透明度"选项设为50%，如图9-73所示，按Enter键确认操作，效果如图9-74所示。

图9-73

图9-74

（5）显示并选取副本图层，如图9-75所示。按Ctrl+T组合键，在图像周围出现变换框，按住Alt+Shift组合键的同时，拖曳控制手柄调整图像的大小，拖曳到适当的位置，按Enter键确认操作，效果如图9-76所示。

图9-75　　　　　图9-76

（6）按Ctrl＋O组合键，打开本书学习资源中的"Ch09 > 素材 > 街舞大赛招贴设计 > 02"文件，选择"移动"工具，将02图片拖曳到图像窗口中适当的位置，并调整其大小，"图层"控制面板如图9-77所示。在"图层"控制面板中生成新的图层并将其命名为"人物2"。在控制面板上方，将该图层的混合模式选项设为"正片叠底"，如图9-78所示，图像效果如图9-79所示。

图9-77　　　　　图9-78

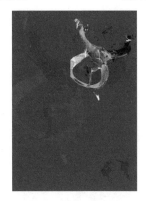

图9-79

（7）按Ctrl＋O组合键，打开本书学习资源中的"Ch09 > 素材 > 街舞大赛招贴设计 > 03"文件，选择"移动"工具，将03图片拖曳到图像窗口中适当的位置，并调整其大小，效果如图9-80所示，在"图层"控制面板中生成新的图层并将其命名为"建筑"。

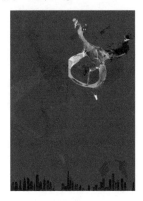

图9-80

（8）按Shift+Ctrl+E组合键，合并可见图层。按Ctrl+S组合键，弹出"存储为"对话框，将其命名为"街舞大赛招贴背景"，保存为JPEG格式，单击"保存"按钮，弹出"JPEG选项"对话框，单击"确定"按钮，将图像保存。

Illustrator 应用

9.2.2 添加宣传语

（1）打开Illustrator软件，按Ctrl+N组合键，新建一个文档，宽度为210mm，高度为297mm，颜色模式为CMYK，单击"确定"按钮。选择"文件 > 置入"命令，弹出"置入"对话框，选择本书学习资源中的"Ch09 > 效果 > 街舞大赛招贴设计 > 街舞大赛招贴背景"文件，单击"置入"按钮，置入文件。单击属性栏中的"嵌入"按钮，嵌入图片，效果如图9-81所示。

图9-81

（2）选择"选择"工具，选取图片。选择"窗口 > 对齐"命令，弹出"对齐"面板，将"对齐"选项设为"对齐画板"，如图9-82所示，单击"垂直居中对齐"按钮和"水平居中对齐"按钮，居中对齐页面，效果如图9-83所示。按Ctrl+2组合键，锁定图片。

图9-82

图9-83

（3）选择"矩形"工具，在适当的位置绘制矩形。填充为黑色，并设置描边色为无，效果如图9-84所示。再绘制一个矩形，并填充相同的颜色，设置描边色为无，效果如图9-85所示。用相同的方法绘制矩形，并旋转其角度，效果如图9-86所示。

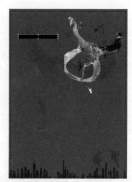

图9-84

图9-85

图9-86

（4）选择"钢笔"工具，在适当的位置绘制图形，填充为黑色，并设置描边色为无，效果如图9-87所示。用相同的方法绘制图形，并填充适当的颜色，效果如图9-88所示。

图9-87　　　　　　　　图9-88

（5）选择"选择"工具 ，选取需要的图形。选择"窗口 > 透明度"命令，弹出"透明度"面板，将"不透明度"选项设为40%，如图9-89所示，按Enter键确认操作，效果如图9-90所示。

图9-89　　　　　　　　图9-90

（6）选取需要的图形。在"透明度"面板中，将"不透明度"选项设为30%，如图9-91所示，按Enter键确认操作，效果如图9-92所示。

图9-91　　　　　　　　图9-92

（7）选择"文字"工具 ，在适当的位

置输入需要的文字并选取文字，在属性栏中选择合适的字体并设置文字大小，填充为白色，如图9-93所示。选取需要的文字，选择"窗口 > 文字 > 字符"命令，弹出"字符"面板，单击"下标"按钮 ，其他选项的设置如图9-94所示，按Enter键确认操作，效果如图9-95所示。

图9-93　　　　　　　　图9-94

图9-95

（8）选择"选择"工具 ，选取文字。在"字符"面板中进行设置，如图9-96所示，按Enter键确认操作，效果如图9-97所示。

图9-96　　　　　　　　图9-97

（9）选择"文字"工具 ，在适当的位置输入需要的文字。选择"选择"工具 ，在属性栏中选择合适的字体并设置文字大小，填充为白色，如图9-98所示。在"字符"面板中进行设置，如图9-99所示，按Enter键确认操作，效果如图9-100所示。

图9-98　　　　　　图9-99　　　　　　　图9-100

（10）选择"文字"工具 T，在适当的位置分别输入需要的文字。选择"选择"工具 ，在属性栏中选择合适的字体并分别设置文字大小，填充为白色，如图9-101所示。选取需要的文字，在"字符"面板中进行设置，如图9-102所示，按Enter键确认操作，效果如图9-103所示。用相同的方法调整其他的文字，效果如图9-104所示。

图9-101

图9-102　　　　　　图9-103

图9-104

（11）选择"文字"工具 T，在适当的位置拖曳文本框输入需要的文字并分别选取文字，在属性栏中选择合适的字体并分别设置文字大小，单击"右对齐"按钮 ，右对齐文字，填充为白色，如图9-105所示。选择"选择"

工具 ，选取段落框。在"字符"面板中进行设置，如图9-106所示，按Enter键确认操作，效果如图9-107所示。

图9-105　　　　　　图9-106

图9-107

（12）选择"椭圆"工具 ，按住Shift键的同时，在页面中适当的位置绘制圆形。设置填充色为红色（其C、M、Y、K的值分别为36、100、100、2），填充圆形，并填充描边色为白色，效果如图9-108所示。选择"直线段"工具 ，按住Shift键的同时，在适当位置拖曳鼠标绘制一条直线段。填充描边色为白色，效果如图9-109所示。

图9-108

图9-109

（13）选择"钢笔"工具 ，按住Shift键的同时，在适当的位置绘制折线。填充描边色为白色，效果如图9-110所示。选择"文字"工具 T，在适当的位置输入需要的文字。

选择"选择"工具 ，在属性栏中选择合适的字体并设置文字大小，填充为白色，如图9-111所示。

图9-110

图9-111

（14）保持文字的选取状态。在"字符"面板中进行设置，如图9-112所示，按Enter键确认操作，效果如图9-113所示。

图9-112

图9-113

（15）选择"文字"工具 ，在适当的位置拖曳文本框输入需要的文字。选择"选择"工具 ，在属性栏中选择合适的字体并设置文字大小，单击"左对齐"按钮 ，左对齐文字，填充为白色，效果如图9-114所示。保持文本框的选取状态。在"字符"面板中进行设置，如图9-115所示，按Enter键确认操作，效果如图9-116所示。

图9-114

图9-115

图9-116

（16）用圈选的方法将需要的文字同时选取，旋转到适当的角度，效果如图9-117所示。用相同的方法输入其他文字，并旋转到适当的角度，效果如图9-118所示。

图9-117

图9-118

（17）按住Shift键的同时，选中圆形和直线。按住Alt键的同时，拖曳到适当的位置，复制图形，效果如图9-119所示。选取直线段，向左拖曳右侧中间的控制手柄到适当的位置，效果如图9-120所示。

图9-119

图9-120

（18）选择"矩形"工具█，在适当的位置绘制矩形，填充为白色，并设置描边色为无，效果如图9-121所示。在"透明度"面板中将"不透明度"选项设为30%，如图9-122所示，按Enter键确认操作，效果如图9-123所示。

图9-121

图9-122

图9-123

（19）选择"选择"工具█，按住Alt+Shift组合键的同时，水平向下拖曳到适当的位置，复制图形，效果如图9-124所示。用相同的方法再次

复制矩形，效果如图9-125所示。

图9-124

图9-125

（20）选择"文字"工具█，在适当的位置拖曳文本框输入需要的文字。选择"选择"工具█，在属性栏中选择合适的字体并设置文字大小，填充为白色，如图9-126所示。保持文本框的选取状态。在"字符"面板中进行设置，如图9-127所示，按Enter键确认操作，效果如图9-128所示。

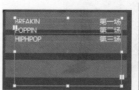

图9-126

图9-127

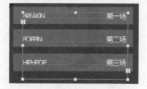

图9-128

（21）选择"选择"工具█，选取圆形，按住Alt键的同时，拖曳到适当的位置，复制圆形，

效果如图9-129所示。用相同的方法再次复制2个
圆形，效果如图9-130所示。

图9-129

图9-130

（22）选择"直线段"工具▱，在适当位
置拖曳鼠标绘制一条直线段。填充描边色为白
色，效果如图9-131所示。用相同的方法绘制其
他直线段，填充描边色为白色，效果如图9-132
所示。

图9-131

图9-132

（23）选择"文字"工具▱，在适当的位
置分别输入需要的文字，选择"选择"工具
▱，在属性栏中分别选择合适的字体并设置文
字大小，填充为白色，如图9-133所示。选取需
要的文字。在"字符"面板中进行设置，如图
9-134所示，按Enter键确认操作，效果如图9-135
所示。

图9-133

图9-134

图9-135

（24）用相同的方法输入其他文字，效果如
图9-136所示。选择"直线段"工具▱，按住Shift
键的同时，在适当位置拖曳鼠标绘制一条直线
段。填充描边色为白色，效果如图9-137所示。

图9-136

图9-137

（25）选择"选择"工具▱，选取直线段，
按住Alt+Shift组合键的同时，垂直向下拖曳到适

当的位置，复制直线段，效果如图9-138所示。用相同的方法再次复制2条直线段，效果如图9-139所示。

图9-138

图9-139

（26）选择"直线段"工具☑，按住Shift键的同时，在适当位置拖曳鼠标绘制一条直线段。填充描边色为白色，效果如图9-140所示。街舞大赛招贴制作完成，效果如图9-141所示。按Ctrl+S

组合键，弹出"存储为"对话框，将其命名为"街舞大赛招贴设计"，保存文件为AI格式，单击"保存"按钮，将文件保存。

图9-140

图9-141

9.3 ▷ 课后习题——特惠招贴设计

【习题知识要点】在Photoshop中，使用渐变工具填充背景底图，使用椭圆工具和图层样式制作绿地，使用自定形状工具、图层样式和复制命令制作会话框。在Illustrator中，使用钢笔工具、文字工具和字符面板添加宣传语和相关信息，使用矩形工具、圆角矩形工具和路径查找器面板制作文字底图。使用透明度面板和风格化命令制作底图投影。使用直接选择工具调整矩形锚点。特惠招贴设计效果如图9-142所示。

【效果所在位置】Ch09/效果/特惠招贴设计/特惠招贴设计.ai。

图9-142

第 *10* 章

宣传册设计

本章介绍

　　宣传册可以起到有效宣传企业或产品的作用，能够提高企业的知名度和产品的认知度。本章通过房地产宣传册的封面及内页设计的制作，来介绍如何把握整体风格，设定设计细节，并会详细讲解房地产宣传册封面、内页设计的制作方法和设计技巧。

学习目标

◆ 掌握在Photoshop软件中制作宣传册封面图的方法。
◆ 掌握在Illustrator软件中制作宣传册封面及内页的技巧。

【案例学习目标】在Photoshop中，学习使用图层控制面板和画笔工具制作房地产宣传册封面图。在Illustrator中，学习使用绘图工具、文字工具和字符面板添加内容文字。

【案例知识要点】在Photoshop中，使用图层的混合模式、图层蒙版和画笔工具制作图片合成，使用照片滤镜调整层和色相/饱和度调整层调整图片颜色。在Illustrator中，使用参考线分割页面，使用文字工具、字符面板和椭圆工具制作标题和内容文字，使用画笔库添加箭头图形，使用钢笔工具和渐变工具绘制标志。房地产宣传册封面设计效果如图10-1所示。

【效果所在位置】Ch10/效果/房地产宣传册封面设计.ai。

图10-1

Photoshop 应用

10.1.1 制作封面图片

（1）按Ctrl+O组合键，打开本书学习资源中的"Ch10 > 素材 > 房地产宣传册封面设计 > 01"文件，如图10-2所示。按Ctrl+J组合键，复制图层并将其命名为"混合"，如图10-3所示。

图10-2

图10-3

（2）在"图层"控制面板上方，将"混合"图层的混合模式选项设为"柔光"，如图10-4所示，图像效果如图10-5所示。

图10-4

图10-5

（3）单击"图层"控制面板下方的"添加图层蒙版"按钮，为图层添加蒙版，如图10-6所示。选择"画笔"工具，在属性栏中单击"画笔"选项右侧的按钮，弹出画笔选择面板，选择需要的画笔形状，设置如图10-7所示。在图像窗口中擦除不需要的图像，效果如图10-8所示。

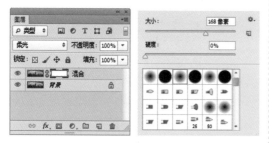

图10-6　　　　　　　　　图10-7

图10-8

（4）单击"图层"控制面板下方的"创建新的填充或调整图层"按钮 ，在弹出的菜单中选择"照片滤镜"命令，在"图层"控制面板生成"照片滤镜1"图层，同时弹出"照片滤镜"面板，选项的设置如图10-9所示，按Enter键确认操作，图像效果如图10-10所示。

图10-9

图10-10

（5）单击"图层"控制面板下方的"创建新的填充或调整图层"按钮 ，在弹出的菜单中选

择"色相/饱和度"命令，在"图层"控制面板生成"色相/饱和度1"图层，同时弹出"色相/饱和度"面板，选项的设置如图10-11所示，按Enter键确认操作，图像效果如图10-12所示。

图10-11

图10-12

（6）房地产宣传册封面图制作完成。按Ctrl+；组合键，隐藏参考线。按Shift+Ctrl+E组合键，合并可见图层。按Ctrl+S组合键，弹出"存储为"对话框，将其命名为"房地产宣传册封面图"，保存为JPEG格式，单击"保存"按钮，弹出"JPEG选项"对话框，单击"确定"按钮，将图像保存。

Illustrator 应用

10.1.2　制作封面底图

（1）打开Illustrator软件，按Ctrl+N组合键，新建一个文档，设置文档的宽度为420mm，高度为285mm，取向为横向，颜色模式为CMYK，单击"确定"按钮。

（2）按Ctrl+R组合键，显示标尺。选择"选择"工具 ，在页面中拖曳一条垂直参考线。选择"窗口 > 变换"命令，弹出"变换"面板，将"X"轴选项设为205.5mm，如图10-13所示，按Enter键确认操作，效果如图10-14所示。

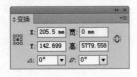

图10-13

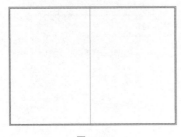

图10-14

（3）保持参考线的选取状态。在"变换"面板中将"X"轴选项设为214.5mm，按Alt+Enter组合键，确认操作，效果如图10-15所示。将参考线同时选取，按Ctrl+2组合键，锁定参考线，如图10-16所示。

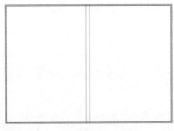

图10-15

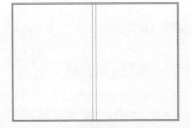

图10-16

（4）选择"圆角矩形"工具 ，在适当的位置单击弹出"圆角矩形"对话框，选项的设置

如图10-17所示，单击"确定"按钮，生成圆角矩形，如图10-18所示。

图10-17

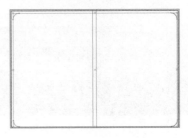

图10-18

（5）设置填充色为青色（其C、M、Y、K的值分别为82、5、25、0），填充图形，并设置描边色为无，效果如图10-19所示。选择"窗口 > 对齐"命令，弹出"对齐"面板，将"对齐"选项设为"对齐画板"，单击"垂直居中对齐"按钮 和"水平居中对齐"按钮 ，居中对齐画板，效果如图10-20所示。按Ctrl+2组合键，锁定图片。

图10-19

图10-20

（6）选择"矩形"工具▣，在页面中适当的位置绘制矩形。填充为白色，并设置描边色为无，效果如图10-21所示。选择"文件 > 置入"命令，弹出"置入"对话框，选择本书学习资源中的"Ch10 > 效果 > 房地产宣传册封面图"文件，单击"置入"按钮，将图片置入页面中。在属性栏中单击"嵌入"按钮，嵌入图片。选择"选择"工具▶，将图片拖曳到适当的位置并调整其大小，如图10-22所示。

图10-21

图10-22

（7）选择"矩形"工具▣，在适当的位置绘制矩形，如图10-23所示。选择"选择"工具▶，将矩形和图片同时选取，按Ctrl+7组合键，创建剪切蒙版，效果如图10-24所示。

图10-23

图10-24

（8）按Ctrl+ [组合键，后移图片，效果如图10-25所示。选择"椭圆"工具◉，按住Shift键的同时，在页面中适当的位置绘制圆形。设置填充色为蓝色（其C、M、Y、K的值分别为82、35、25、0），填充圆形，并设置描边色为无，效果如图10-26所示。

图10-25

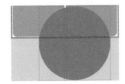

图10-26

（9）选择"选择"工具▶，选取圆形。按Ctrl+C组合键，复制圆形。按Ctrl+F组合键，原位粘贴圆形。按住Alt+Shift组合键的同时，拖曳鼠标调整圆形的大小，效果如图10-27所示。将两个圆形同时选取。选择"窗口 > 路径查找器"命令，弹出"路径查找器"面板，单击"减去顶层"按钮▣，如图10-28所示，生成一个新的对象，效果如图10-29所示。

图10-27

图10-28

图10-29

（10）用相同的方法制作另一个图形，效果
如图10-30所示。选择"椭圆"工具 ⬭ ，按住Shift
键的同时，在页面中适当的位置绘制圆形。设置
填充色为蓝色（其C、M、Y、K的值分别为82、
35、25、0），填充圆形，并设置描边色为无，
效果如图10-31所示。

图10-30

图10-31

（11）选择"矩形"工具 ▣ ，在页面中适当
的位置绘制矩形，如图10-32所示。选择"选择"
工具 ▶ ，按住Shift键的同时，将矩形和刚绘制
的图形全部选中。按Ctrl+7组合键，创建剪切蒙
版，效果如图10-33所示。

图10-32

图10-33

（12）选择"矩形"工具 ▣ ，在适当的位置
绘制矩形。设置填充色为蓝色（其C、M、Y、K的
值分别为82、35、25、0），填充图形，并设置
描边色为无，效果如图10-34所示。按Ctrl+ [组合
键，后移图形，效果如图10-35所示。

图10-34

图10-35

10.1.3　添加内容文字

（1）选择"文字"工具 T ，在页面适当的
位置分别输入需要的文字并选取文字，在属性栏

第10章 宣传册设计

中分别选择合适的字体并设置文字大小，填充文字为白色，效果如图10-36所示。选择"选择"工具，选取需要的文字，设置填充色为黄色（其C、M、Y、K的值分别为0、0、100、0），填充文字，效果如图10-37所示。

图10-36

图10-37

（2）保持文字的选取状态。选择"窗口>文字>字符"命令，弹出"字符"面板，选项的设置如图10-38所示，按Enter键确认操作，效果如图10-39所示。

图10-38　　　　　　图10-39

（3）选取需要的文字。在"字符"面板中进行设置，如图10-40所示，按Enter键确认操作，效果如图10-41所示。

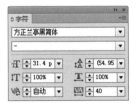

图10-40　　　　　　图10-41

（4）选取需要的文字。在"字符"面板中进行设置，如图10-42所示，按Enter键确认操作，效果如图10-43所示。

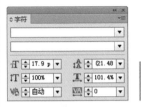

图10-42　　　　　　图10-43

（5）选择"文字"工具，选取需要的文字。在"字符"面板中进行设置，如图10-44所示，按Enter键确认操作，效果如图10-45所示。选择"椭圆"工具，按住Shift键的同时，在适当的位置绘制圆形。填充为白色，并设置描边色为无，效果如图10-46所示。

图10-44

图10-45　　　　　　图10-46

（6）选择"椭圆"工具，按住Shift键的同时，在页面中适当的位置绘制圆形。设置填充色为红色（其C、M、Y、K的值分别为13、100、94、0），填充圆形，并设置描边色为无，效果如图10-47所示。

（7）选择"文字"工具，在适当的位置输入需要的文字。选择"选择"工具，在属性栏中选择合适的字体并设置文字大小，填充为白色，如图10-48所示。

图10-47　　　　　　图10-48

（8）选择"窗口 > 画笔库 > 箭头_标准"命令，在弹出的面板中选择需要的画笔形状，如图10-49所示，拖曳到页面中适当的位置，效果如图10-50所示。

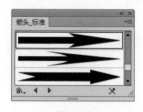

图10-49 　　　　　　图10-50

（9）在图形上单击鼠标右键，在弹出的菜单中选择"断开符号链接"命令，断开符号链接。选择"选择"工具，选取外框，按Delete键，将其删除，如图10-51所示。拖曳到适当的位置，效果如图10-52所示。

图10-51 　　　　　图10-52

（10）保持图形的选取状态，填充为白色，效果如图10-53所示。拖曳上、下和右侧的控制手柄调整图像大小，效果如图10-54所示。

图10-53

图10-54

（11）选取图形。选择"窗口 > 透明度"命令，弹出"透明度"面板，选项的设置如图10-55所示，按Enter键确认操作，效果如图10-56所示。

图10-55

图10-56

（12）选择"钢笔"工具，在适当的位置绘制图形，如图10-57所示。用相同的方法绘制其他图形，效果如图10-58所示。

图10-57 　　　　　　图10-58

（13）选择"选择"工具，按住Shift键的同时，选取绘制的图形。在"路径查找器"面板中，单击"联集"按钮，如图10-59所示，生成一个新的对象，效果如图10-60所示。

图10-59 　　　　　　图10-60

（14）双击"渐变"工具，弹出"渐变"控制面板，在色带上设置2个渐变滑块，分别将渐变滑块的位置设为0、100，并设置C、M、Y、K的值分别为0（0、0、100、0）、100（0、100、100、0），其他选项的设置如图10-61所示，图形被填充为渐变色，然后填充描边色为白色，效果如图10-62所示。

图10-61 　　　　　　图10-62

（15）选择"文字"工具，在适当的位置

输入需要的文字。选择"选择"工具▶，在属性栏中选择合适的字体并设置文字大小，填充为白色，如图10-63所示。在"字符"面板中进行设置，如图10-64所示，按Enter键确认操作，效果如图10-65所示。

图10-63

图10-64

图10-65

（16）选择"文字"工具T，在适当的位置输入需要的文字。选择"选择"工具▶，在属性栏中选择合适的字体并设置文字大小，填充为白色，如图10-66所示。在"字符"面板中进行设置，如图10-67所示，按Enter键确认操作，效果如图10-68所示。

图10-66

图10-67

图10-68

（17）选择"选择"工具▶，按住Shift键的同时，将标志和文字全部选中。按住Alt键的同时，将其拖曳到适当的位置，复制图形和文字，

效果如图10-69所示。选取标志图形，填充为白色，效果如图10-70所示。

图10-69

图10-70

（18）分别选取标志和文字，调整其大小，效果如图10-71所示。选择"文字"工具T，在适当的位置拖曳文本框输入需要的文字。选择"选择"工具▶，在属性栏中选择合适的字体并设置文字大小，填充为白色，如图10-72所示。

图10-71

图10-72

（19）在"字符"面板中进行设置，如图10-73所示，按Enter键确认操作，效果如图10-74所示。房地产宣传册封面制作完成，效果如图10-75所示。

图10-73

图10-74

图10-75

（20）按Ctrl+S组合键，弹出"存储为"对话框，将其命名为"房地产宣传册封面设计"，保存为AI格式，单击"保存"按钮，将文件保存。

【案例学习目标】在Illustrator中，学习使用置入命令、绘图工具、创建剪切蒙版命令、文字工具和字符面板制作房地产宣传册内页1。

【案例知识要点】在Illustrator中，使用参考线分割页面，使用文字工具、字符面板和矩形工具制作标题和介绍文字，使用置入命令、矩形工具和创建剪切蒙版命令添加宣传图片，使用椭圆工具、剪刀工具和画笔库制作装饰图形，使用符号库添加箭头符号，使用雷达图工具制作雷达图表。房地产宣传册内页1设计效果如图10-76所示。

图10-76

【效果所在位置】Ch10/效果/房地产宣传册内页1设计.ai。

Illustrator 应用

10.2.1 制作底图和页眉

（1）打开Illustrator软件，按Ctrl+N组合键，新建一个文档，设置文档的宽度为420mm，高度为285mm，取向为横向，颜色模式为CMYK，单击"确定"按钮。

（2）按Ctrl+R组合键，显示标尺。选择"选择"工具，在页面中拖曳一条垂直参考线。选择"窗口 > 变换"命令，弹出"变换"面板，将"X"轴选项设为210mm，如图10-77所示，按Enter键确认操作，效果如图10-78所示。

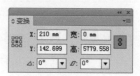

图10-77

158

图10-78

（3）选择"窗口>变换"命令，弹出"变换"面板，将"Y"轴选项设为13mm，如图10-79所示，按Enter键确认操作，效果如图10-80所示。保持参考线的选取状态，在"变换"面板中将"Y"轴选项设为273mm，按Alt+Enter组合键，确认操作，效果如图10-81所示。选择"矩形"工具▣，在适当的位置绘制矩形，如图10-82所示。

图10-79

图10-80

图10-81

图10-82

（4）双击"渐变"工具▣，弹出"渐变"控制面板，在色带上设置2个渐变滑块，分别将渐变滑块的位置设为0、75、100，并设置C、M、Y、K的值分别为0（0、0、0、0）、75（0、0、0、14）、100（0、0、0、48），其他选项的设置如图10-83所示，图形被填充为渐变色，设置描边色为无，效果如图10-84所示。

图10-83

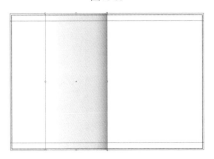

图10-84

（5）选择"矩形"工具▣，在适当的位置绘制矩形。设置填充色为青色（其C、M、Y、K的值分别为40、0、0、0），填充图形，并设置描边色为无，效果如图10-85所示。

图10-85

（6）选择"文件 > 置入"命令，弹出"置入"对话框，选择本书学习资源中的"Ch10 > 素材 > 房地产宣传册内页1设计 > 01"文件，单击"置入"按钮，将图片置入页面中。在属性栏中单击"嵌入"按钮，嵌入图片。选择"选择"工具，将图片拖曳到适当的位置并调整其大小，如图10-86所示。

图10-86

（7）保持图片的选取状态。选择"窗口 > 透明度"命令，弹出"透明度"面板，选项的设置如图10-87所示，按Enter键确认操作，效果如图10-88所示。

（8）按Ctrl+O组合键，打开本书学习资源中的"Ch10 > 效果 > 房地产宣传册封面设计"，选择"选择"工具，选取标志图形。按Ctrl+C组合键，复制图形。选择正在编辑的页面，按Ctrl+V组合键，将其粘贴到页面中。

图10-87

图10-88

（9）拖曳复制的图形到页面适当的位置，并调整其大小，效果如图10-89所示。设置填充色为青色（其C、M、Y、K的值分别为40、0、0、0），填充图形，效果如图10-90所示。

图10-89

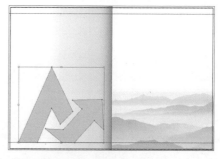

图10-90

（10）保持图形的选取状态。在"透明度"面板中进行设置，如图10-91所示，按Enter键确认操作，效果如图10-92所示。

图10-91

图10-92

（11）选择"矩形"工具▣，在页面中适当的位置绘制矩形。设置填充色为灰色（其C、M、Y、K的值分别为0、0、0、34），填充图形，并设置描边色为无，效果如图10-93所示。选择"文字"工具Ｔ，在适当的位置输入需要的文字。选择"选择"工具▶，在属性栏中选择合适的字体并设置文字大小。设置填充色为灰色（其C、M、Y、K的值分别为0、0、0、34），填充文字，效果如图10-94所示。

图10-93

图10-94

（12）保持文字的选取状态。选择"窗口 >文字 > 字符"命令，弹出"字符"面板，选项的设置如图10-95所示，按Enter键确认操作，效果如图10-96所示。

图10-95

图10-96

（13）选择"矩形"工具▣，在适当的位置绘制矩形。设置填充色为灰色（其C、M、Y、K的值分别为0、0、0、30），填充图形，并设置描边色为无，效果如图10-97所示。再绘制一个矩形，设置填充色为青色（其C、M、Y、K的值分别为30、0、0、0），填充图形，并设置描边色为无，效果如图10-98所示。

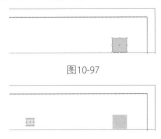

图10-97

图10-98

（14）选择"选择"工具▶，按住Shift键的同时，选中两个矩形。选择"对象> 混合 > 混合选项"命令，在弹出的对话框中进行设置，如图10-99所示，单击"确定"按钮。选择"对象 >混合 > 建立"命令，建立混合，效果如图10-100所示。

图10-99

图10-100

10.2.2　添加宣传图片和文字

（1）选择"矩形"工具▣，在适当的位置绘制矩形。设置填充色为无，并设置描边色为蓝色（其C、M、Y、K的值分别为82、35、25、0），填充描边，效果如图10-101所示。再绘制一个矩形，设置填充色为蓝色（其C、M、Y、K的值分别为82、35、25、0），填充图形，并设置描边色为无，效果如图10-102所示。

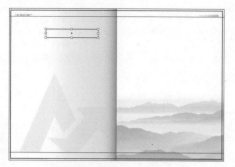

图10-101

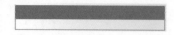

图10-102

（2）选择"文字"工具T，在适当的位置分别输入需要的文字。选择"选择"工具，在属性栏中分别选择合适的字体并设置文字大小，如图10-103所示。选取上方的文字，填充文字为白色，效果如图10-104所示。

公司简介
GONG SI JIAN JIE

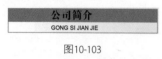

图10-103

公司简介
GONG SI JIAN JIE

图10-104

（3）选取上方的文字。在"字符"面板中进行设置，如图10-105所示，按Enter键确认操作，效果如图10-106所示。

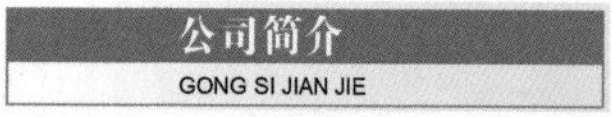

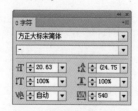

字符
方正大标宋简体
20.63
(24.75
100%
100%
自动
540

图10-105

公 司 简 介
GONG SI JIAN JIE

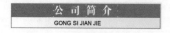

图10-106

（4）选取下方的文字。在"字符"面板中进行设置，如图10-107所示，按Enter键确认操作，效果如图10-108所示。

字符
Arial
Regular
11 pt
(13.2
100%
100%
自动
100

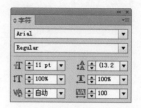

图10-107

公 司 简 介
GONG SI JIAN JIE

图10-108

（5）选择"矩形"工具，在适当的位置绘制矩形。设置填充色为无，并设置描边色为蓝色（其C、M、Y、K的值分别为82、35、25、0），填充描边，效果如图10-109所示。再绘制一个矩形，设置填充色为红色（其C、M、Y、K的值分别为0、100、100、0），填充图形，并设置描边色为无，效果如图10-110所示。

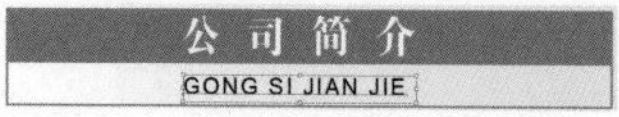

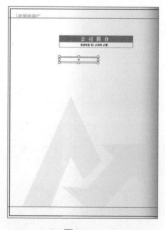

图10-109

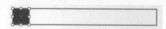

图10-110

（6）再绘制一个矩形，设置填充色为蓝色（其C、M、Y、K的值分别为82、35、25、0），填充图形，并设置描边色为无，效果如图10-111

所示。选择"文字"工具T，在适当的位置输入需要的文字。选择"选择"工具，在属性栏中选择合适的字体并设置文字大小，如图10-112所示。

图10-111

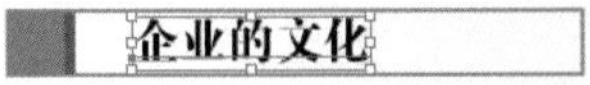

图10-112

（7）保持文字的选取状态。在"字符"面板中进行设置，如图10-113所示，按Enter键确认操作，效果如图10-114所示。

图10-113

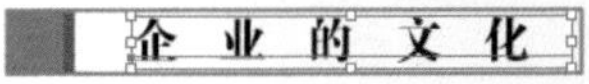

图10-114

（8）选择"文字"工具T，在适当的位置拖曳文本框并输入需要的文字。选择"选择"工具，在属性栏中选择合适的字体并设置文字大小，如图10-115所示。在"字符"面板中进行设置，如图10-116所示，按Enter键确认操作，效果如图10-117所示。

图10-115

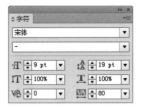

图10-116

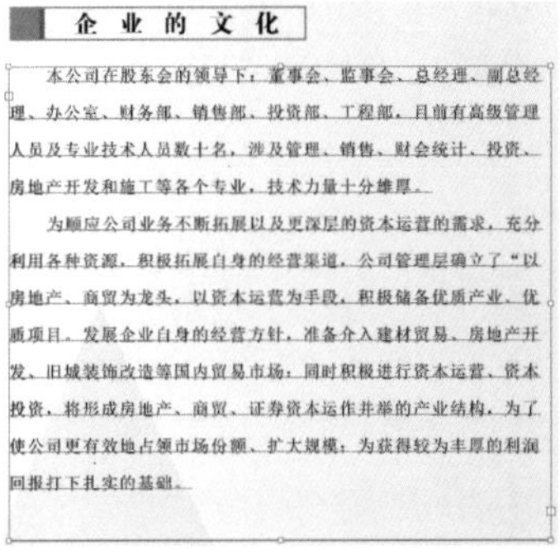

图10-117

（9）用相同的方法添加其他图形和文字，效果如图10-118所示。选择"文件 > 置入"命令，弹出"置入"对话框，分别选择本书学习资源中的"Ch10 > 素材 > 房地产宣传册内页1设计 > 02、03"文件，单击"置入"按钮，将图片置入页面中。在属性栏中单击"嵌入"按钮，嵌入图片。选择"选择"工具，将图片分别拖曳到适当的位置并调整其大小，效果如图10-119所示。

图10-118

图10-119

（10）选择"矩形"工具▣，在适当的位置绘制矩形，如图10-120所示。选择"选择"工具▸，按住Shift键的同时，将矩形和图片同时选取。按Ctrl+7组合键，创建剪切蒙版，效果如图10-121所示。

图10-120

图10-121

（11）选择"文字"工具Ｔ，在适当的位置分别输入需要的文字。选择"选择"工具▸，在属性栏中分别选择合适的字体并设置文字大小，单击"右对齐"按钮，对齐文字。选取需要的文字，设置填充色为灰色（其C、M、Y、K值分别为0、0、0、50），填充文字，效果如图10-122所示。选取需要的文字。在"字符"面板中进行设置，如图10-123所示，按Enter键确认操作，效果如图10-124所示。

图10-122

图10-123

图10-124

（12）选取需要的文字。在"字符"面板中进行设置，如图10-125所示，按Enter键确认操作，效果如图10-126所示。

图10-125

图10-126

（13）选择"椭圆"工具◉，按住Shift键的同时，在页面中适当的位置绘制圆形，如图10-127所示。选择"剪刀"工具✂，在适当的位置单击两次鼠标，剪切圆弧。按Delete键，删除剪切的圆弧，效果如图10-128所示。

图10-127

图10-128

（14）选择"选择"工具 ▶，选取圆弧。选择"窗口＞画笔库＞艺术效果＞艺术效果_油墨"命令，弹出"艺术效果_油墨"面板，选择需要的画笔，如图10-129所示，效果如图10-130所示。

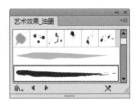

图10-129　　　　　图10-130

（15）保持弧线的选取状态。设置描边色为孔雀蓝（其C、M、Y、K的值分别为82、0、25、0），填充描边，效果如图10-131所示。拖曳鼠标将弧线旋转到适当的角度，效果如图10-132所示。

图10-131　　　　　图10-132

（16）选择"文字"工具 T，在适当的位置输入需要的文字并选取文字，在属性栏中选择合适的字体并设置文字大小，效果如图10-133所示。在适当的位置拖曳文本框并输入需要的文字，选择"选择"工具 ▶，在属性栏中选择合适的字体并设置文字大小，如图10-134所示。

图10-133

图10-134

（17）在"字符"面板中进行设置，如图10-135所示，按Enter键确认操作，效果如图10-136所示。

图10-135

图10-136

（18）选择"矩形"工具 ▢，在适当的位置绘制矩形。设置填充色为孔雀蓝（其C、M、Y、K的值分别为82、0、25、0），填充图形，并设置描边色为无，效果如图10-137所示。

图10-137

（19）选择"文件＞置入"命令，弹出"置入"对话框，选择本书学习资源中的"Ch10＞素材＞房地产宣传册内页1设计＞04、05"文件，单击"置入"按钮，将图片置入页面中。在属性栏中单击"嵌入"按钮，嵌入图片。选择"选择"工具 ▶，将图片分别拖曳到适当的位置并调整其大小，效果如图10-138所示。

图10-138

（20）选择"矩形"工具 ，在适当的位置绘制矩形，如图10-139所示。选择"选择"工具 ，按住Shift键的同时，将矩形和图片同时选取。按Ctrl+7组合键，创建剪切蒙版，效果如图10-140所示。

图10-139

图10-140

（21）选择"文字"工具 ，在适当的位置输入需要的文字。选择"选择"工具 ，在属性栏中选择合适的字体并设置文字大小，如图10-141所示。在"字符"面板中进行设置，如图10-142所示，按Enter键确认操作，效果如图10-143所示。

友豪房地产每年的市场份额提高

图10-141

图10-142

友豪房地产每年的市场份额提高

图10-143

（22）选择"雷达图"工具 ，在页面中单击弹出"图表"对话框，选项的设置如图10-144所示。弹出数据表，输入需要的数值，如图10-145所示，单击 按钮，应用数据，效果如图10-146所示。

图10-144

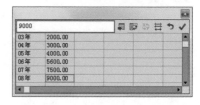

图10-145

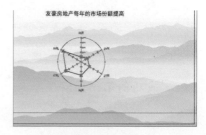

图10-146

（23）选择"窗口 > 符号库 > 箭头"命令，弹出"箭头"控制面板，选择需要的箭头，如图10-147所示，拖曳符号到页面中，效果如图10-148所示。单击鼠标右键，在弹出的下拉列表中选择"断开符号链接"命令，断开符号链接，效果如图10-149所示。按Shift+Ctrl+G组合键，取消图形编组，效果如图10-150所示。

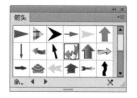

图10-147

图10-148

图10-149

图10-150

（24）保持图形的选取状态。设置填充色为孔雀蓝（其C、M、Y、K的值分别为82、0、25、0），填充图形，效果如图10-151所示。选择"选择"工具，拖曳鼠标旋转图形，效果如图10-152所示。拖曳到适当的位置，如图10-153所示。

图10-151

图10-152

图10-153

（25）选择"文字"工具，在适当的位置输入需要的文字。选择"选择"工具，在属性栏中选择合适的字体并设置文字大小，如图10-154所示。

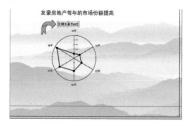

图10-154

（26）选择"直排文字"工具，在适当的位置输入需要的文字。选择"选择"工具，在属性栏中选择合适的字体并设置文字大小。设置填充色为青色（其C、M、Y、K的值分别为40、0、0、0），填充文字，效果如图10-155所示。

图10-155

（27）在"字符"面板中进行设置，如图10-156所示，按Enter键确认操作，效果如图10-157所示。在"透明度"面板中进行设置，如图10-158所示，按Enter键确认操作，效果如图10-159所示。

图10-156

图10-157

图10-158

图10-159

（28）房地产宣传册内页1制作完成。按Ctrl+S组合键，弹出"存储为"对话框，将其命名为"房地产宣传册内页1设计"，保存为AI格式，单击"保存"按钮，将文件保存。

10.3 > 房地产宣传册内页2设计

【案例学习目标】在Illustrator中，学习使用置入命令、透明度面板和创建剪切蒙版命令添加图片，使用绘图工具、文字工具和字符面板添加宣传文字，使用制表符面板制作图表。

【案例知识要点】在Illustrator中，使用置入命令和透明度面板制作背景底图，使用文字工具、字符面板和字形命令添加宣传文字，使用制表符面板制作图表文字，使用直线段工具、描边面板和复制命令制作图表，使用圆角矩形工具和创建剪切蒙版命令制作宣传图片。房地产宣传册内页2设计效果如图10-160所示。

图10-160

【效果所在位置】Ch10/效果/房地产宣传册内页2设计.ai。

Illustrator 应用

10.3.1 制作左侧内页

（1）打开Illustrator软件，按Ctrl+O组合键，打开本书学习资源中的"Ch10 > 效果 >房地产宣传册内页1设计"文件。选择"选择"工具 ，选取不需要的图形和文字，按Delete键，将其删除，效果如图10-161所示。分别选取需要的图形和文字，拖曳到适当的位置，并调整其大小，效果如图10-162所示。

图10-161

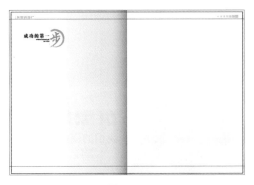

图10-162

（2）选择"文字"工具 T ，修改需要的文字。选择"选择"工具 ，分别将文字拖曳到适当的位置，效果如图10-163所示。选取需要的文字。在"字符"面板中进行设置，如图10-164所示，按Enter键确认操作，效果如图10-165所示。

图10-163

图10-164 图10-165

（3）选取需要的文字。在"字符"面板中进行设置，如图10-166所示，按Enter键确认操作，效果如图10-167所示。

图10-166 图10-167

（4）选择"文件 > 置入"命令，弹出"置入"对话框，选择本书学习资源中的"Ch10 > 素

材 > 房地产宣传册内页2设计 > 01"文件，单击"置入"按钮，将图片置入页面中。在属性栏中单击"嵌入"按钮，嵌入图片。选择"选择"工具 ，将图片拖曳到适当的位置并调整其大小，如图10-168所示。

（5）选择"窗口 > 透明度"命令，弹出"透明度"面板，单击"制作蒙版"按钮，如图10-169所示。

图10-168 图10-169

（6）单击"编辑不透明度蒙版"图标，如图10-170所示，选择"矩形"工具 ，在页面中适当的位置绘制矩形，如图10-171所示。

图10-170 图10-171

（7）双击"渐变"工具 ，弹出"渐变"控制面板，在色带上设置2个渐变滑块，分别将渐变滑块的位置设为0、100，并设置C、M、Y、K的值分别为0（0、0、0、56）、100（0、0、0、100），其他选项的设置如图10-172所示，图形被填充为渐变色，并设置描边色为无，效果如图10-173所示。

图10-172　　　　　　图10-173

（8）单击"停止编辑不透明蒙版"图标，如图10-174所示，图像效果如图10-175所示。选择"文字"工具 $\boxed{T}$ ，在适当的位置分别输入需要的文字。选择"选择"工具 $\blacktriangleright$ ，在属性栏中分别选择合适的字体并设置文字大小，如图10-176所示。

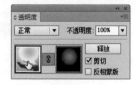

图10-174

图10-175　　　　　　图10-176

（9）选取需要的文字。在"字符"面板中进行设置，如图10-177所示，按Enter键确认操作，效果如图10-178所示。

图10-177　　　　　　图10-178

（10）选取需要的文字。在"字符"面板中进行设置，如图10-179所示，按Enter键确认操作，效果如图10-180所示。

图10-179　　　　　　图10-180

（11）选择"矩形"工具 $\boxed{\square}$ ，在适当的位置绘制矩形，如图10-181所示。选择"文件 > 置入"命令，弹出"置入"对话框，选择本书学习资源中的"Ch10 > 素材 > 房地产宣传册内页2设计 > 02、03、04、05"文件，单击"置入"按钮，将图片置入页面中。在属性栏中单击"嵌入"按钮，嵌入图片。选择"选择"工具 $\blacktriangleright$ ，将图片分别拖曳到适当的位置并调整其大小，如图10-182所示。

图10-181

图10-182

（12）按住Shift键的同时，选取需要的图片。选择"窗口 > 对齐"命令，弹出"对齐"面板，单击"垂直顶对齐"按钮 $\boxed{\top}$ ，如图10-183所示，顶对齐图片，效果如图10-184所示。用相同的方法对齐下方的两张图片，如图10-185所示。

图10-183

图10-184

图10-185

（13）按住Shift键的同时，选取需要的图片。在"对齐"面板中单击"水平右对齐"按钮，如图10-186所示，右对齐图片，效果如图10-187所示。

图10-186

图10-187

（14）选择"直排文字"工具，在适当的位置输入需要的文字。选择"选择"工具，在属性栏中选择合适的字体并设置文字大小。设置填充色为青色（其C、M、Y、K的值分别为40、0、0、0），填充文字，效果如图10-188所示。在"字符"面板中进行设置，如图10-189所示，按Enter键确认操作，效果如图10-190所示。

图10-188

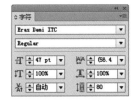

图10-189

图10-190

（15）在"透明度"面板中将"不透明度"

选项设为50%，如图10-191所示，按Enter键确认操作，效果如图10-192所示。

图10-191

图10-192

10.3.2 制作右侧内页

（1）选择"文字"工具 T，在适当的位置分别输入需要的文字。选择"选择"工具 ，在属性栏中分别选择合适的字体并设置文字大小，如图10-193所示。按住Shift键的同时，选取段落文字。在"字符"面板中进行设置，如图10-194所示，按Enter键确认操作，效果如图10-195所示。

图10-193

图10-194

图10-195

（2）选择"矩形"工具 ，在适当的位置绘制矩形。填充为黑色，并设置描边色为无，效果如图10-196所示。选择"选择"工具 ，按住Alt键的同时，分2次将矩形拖曳到适当的位置，复制矩形，效果如图10-197所示。

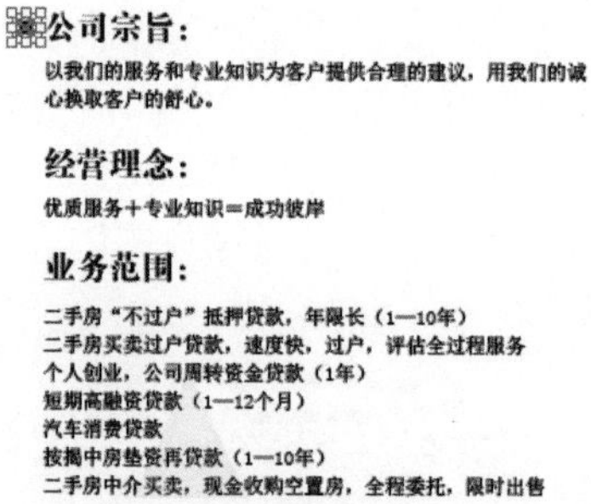

公司宗旨：

以我们的服务和专业知识为客户提供合理的建议，用我们的诚心换取客户的舒心。

经营理念：

优质服务＋专业知识＝成功彼岸

业务范围：

二手房"不过户"抵押贷款，年限长（1—10年）
二手房买卖过户贷款，速度快，过户，评估全过程服务
个人创业，公司周转资金贷款（1年）
短期高融资贷款（1—12个月）
汽车消费贷款
按揭中房垫资再贷款（1—10年）
二手房中介买卖，现金收购空置房，全程委托，限时出售

图10-196

■ **公司宗旨：**

以我们的服务和专业知识为客户提供合理的建议，用我们的诚心换取客户的舒心。

■ **经营理念：**

优质服务＋专业知识＝成功彼岸

■ **业务范围：**

二手房"不过户"抵押贷款，年限长（1—10年）
二手房买卖过户贷款，速度快，过户，评估全过程服务
个人创业，公司周转资金贷款（1年）
短期高融资贷款（1—12个月）
汽车消费贷款
按揭中房垫资再贷款（1—10年）
二手房中介买卖，现金收购空置房，全程委托，限时出售

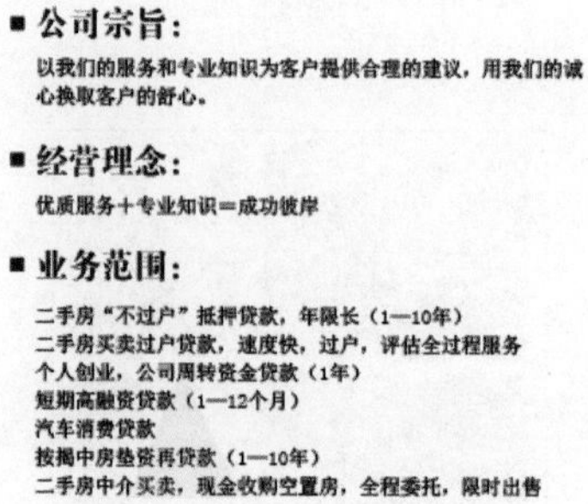

图10-197

（3）选择"文字"工具 T，在适当的位置

单击鼠标插入光标，如图10-198所示。选择“文字 > 字形”命令，在弹出的面板中设置适当的字体，双击需要的字形，如图10-199所示，在光标处插入字形，效果如图10-200所示。

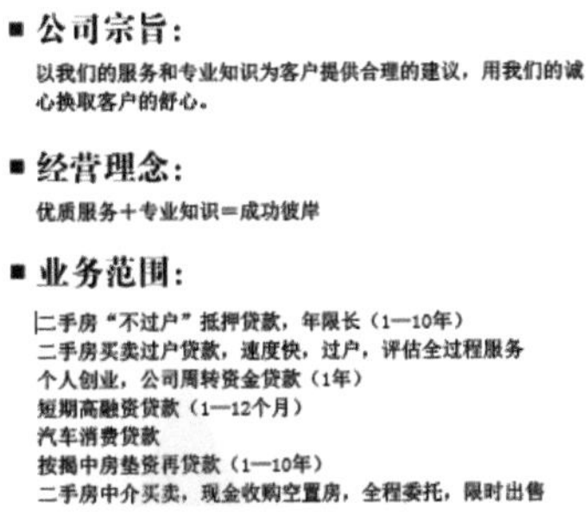

■ 公司宗旨：
以我们的服务和专业知识为客户提供合理的建议，用我们的诚心换取客户的舒心。
■ 经营理念：
优质服务＋专业知识＝成功彼岸
■ 业务范围：
二手房“不过户”抵押贷款，年限长（1—10年）
二手房买卖过户贷款，速度快，过户，评估全过程服务
个人创业，公司周转资金贷款（1年）
短期高融资贷款（1—12个月）
汽车消费贷款
按揭中房垫资再贷款（1—10年）
二手房中介买卖，现金收购空置房，全程委托，限时出售

图10-198

字形
显示：完整字体
Wingdings 2
Regular

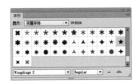

图10-199

■ 公司宗旨：
以我们的服务和专业知识为客户提供合理的建议，用我们的诚心换取客户的舒心。
■ 经营理念：
优质服务＋专业知识＝成功彼岸
■ 业务范围：
★二手房“不过户”抵押贷款，年限长（1—10年）
二手房买卖过户贷款，速度快，过户，评估全过程服务
个人创业，公司周转资金贷款（1年）
短期高融资贷款（1—12个月）
汽车消费贷款
按揭中房垫资再贷款（1—10年）
二手房中介买卖，现金收购空置房，全程委托，限时出售

图10-200

（4）按空格键，插入空格，效果如图10-201所示。用相同的方法制作下方的文字效果，如图10-202所示。

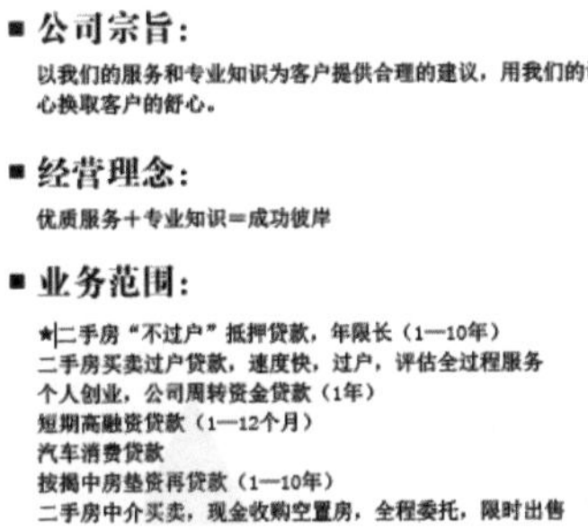

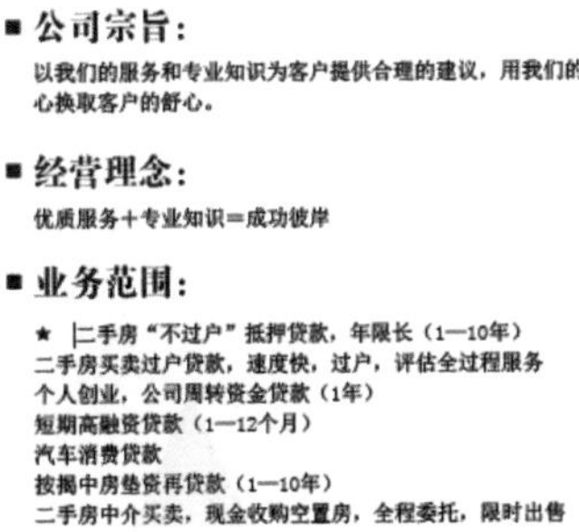

■ 公司宗旨：
以我们的服务和专业知识为客户提供合理的建议，用我们的诚心换取客户的舒心。
■ 经营理念：
优质服务＋专业知识＝成功彼岸
■ 业务范围：
★ 二手房“不过户”抵押贷款，年限长（1—10年）
二手房买卖过户贷款，速度快，过户，评估全过程服务
个人创业，公司周转资金贷款（1年）
短期高融资贷款（1—12个月）
汽车消费贷款
按揭中房垫资再贷款（1—10年）
二手房中介买卖，现金收购空置房，全程委托，限时出售

图10-201

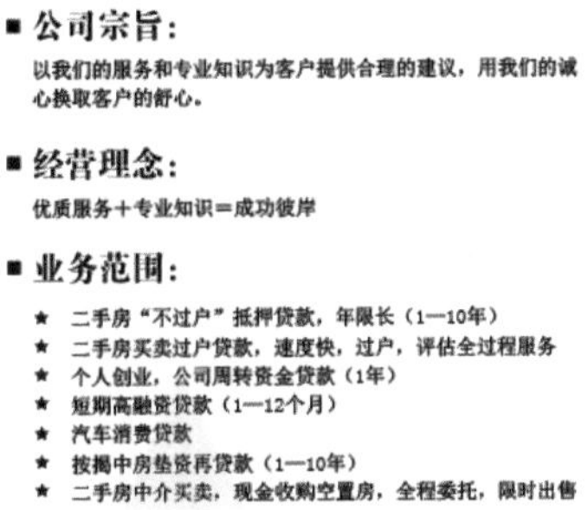

■ 公司宗旨：
以我们的服务和专业知识为客户提供合理的建议，用我们的诚心换取客户的舒心。
■ 经营理念：
优质服务＋专业知识＝成功彼岸
■ 业务范围：
★ 二手房“不过户”抵押贷款，年限长（1—10年）
★ 二手房买卖过户贷款，速度快，过户，评估全过程服务
★ 个人创业，公司周转资金贷款（1年）
★ 短期高融资贷款（1—12个月）
★ 汽车消费贷款
★ 按揭中房垫资再贷款（1—10年）
★ 二手房中介买卖，现金收购空置房，全程委托，限时出售

图10-202

（5）选择“文字”工具[T]，在适当的位置输入需要的文字。选择“选择”工具，在属性栏中选择合适的字体并设置文字大小。设置填充色为蓝色（其C、M、Y、K的值分别为82、35、25、0），填充文字，效果如图10-203所示。选择“矩形”工具，在适当的位置绘制矩形。填充为黑色，并设置描边色为无，效果如图10-204所示。

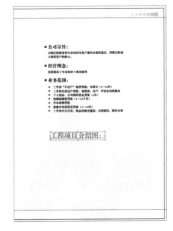

工程项目介绍图：

图10-203

工程项目介绍图：

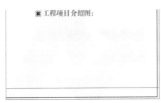

图10-204

（6）选择“文字”工具[T]，在适当的位置拖曳文本框插入光标，如图10-205所示。选择“窗口 > 文字 > 制表符”命令，弹出“制表符”面板，如图10-206所示。

图10-205

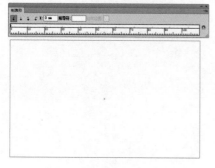

图10-206

（7）单击"居中对齐制表符"按钮，在面板中将"X"选项设置为7.4mm，如图10-207所示。用相同的方法在45.5mm、82.2mm和101.9mm处添加居中对齐制表符，如图10-208所示。

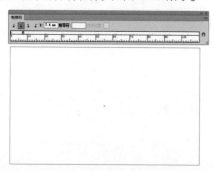

图10-207

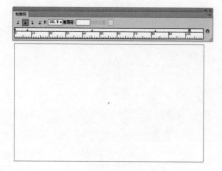

图10-208

（8）将光标置于段落文本框中，按Tab键，光标跳到第一个制表符处，如图10-209所示。输入文字"项目名称"，如图10-210所示。

图10-209

图10-210

（9）按一下Tab键，光标跳到下一个制表符处，如图10-211所示，输入文字"项目地址"，如图10-212所示。

图10-211

图10-212

（10）用相同的方法输入其他文字，效果如图10-213所示。选择"文字"工具，选取需要的文字，在属性栏中选择合适的字体，效果如图10-214所示。

项目名称	项目地址	开盘最高价	热销户楼
润泽庄园	江北区江北华新流道	5000(元)	两室一厅
世茂奥临园	沙坪坦区杨公路105号	5800(元)	一室一厅
美利山	南崖区弹子石洋人街附近	5100(元)	一室一厅
金都杭城	南崖区南湖路30号（邮政局后）	6400(元)	两室两厅
丽都东镇	南崖区融桥半岛云庭B区	7800(元)	三室一厅
纳丹堡	重庆北部新区泰山大道中段	7600(元)	两室两厅
新华联丽景	榆北区北部新区新牌坊中央美地旁边	5200(元)	三室
星河皓	北回归线一号路云翔集团右侧	5800(元)	二室一厅
花纺易城	融南桥北边友爱医院右侧100米	6000(元)	二室

图10-213

项目名称	项目地址	开盘最高价	热销户楼
润泽庄园	江北区江北华新流道	5000(元)	两室一厅
世茂奥临园	沙坪坦区杨公路105号	5800(元)	一室一厅
美利山	南崖区弹子石洋人街附近	5100(元)	一室一厅
金都杭城	南崖区南湖路30号（邮政局后）	6400(元)	两室两厅
丽都东镇	南崖区融桥半岛云庭B区	7800(元)	三室一厅
纳丹堡	重庆北部新区泰山大道中段	7600(元)	两室两厅
新华联丽景	榆北区北部新区新牌坊中央美地旁边	5200(元)	三室
星河皓	北回归线一号路云翔集团右侧	5800(元)	二室一厅
花纺易城	融南桥北边友爱医院右侧100米	6000(元)	二室

图10-214

（11）选择"选择"工具，选取段落文本框。在"字符"面板中进行设置，如图10-215所示，按Enter键确认操作，效果如图10-216所示。

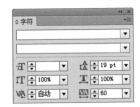

图10-215

项目名称	项目地址	开盘最高价	热销户楼
润泽庄园	江北区江北华新流道	5000(元)	两室一厅
世茂奥临园	沙坪坦区杨公路105号	5800(元)	一室一厅
美利山	南崖区弹子石洋人街附近	5100(元)	一室一厅
金都杭城	南崖区南湖路30号（邮政局后）	6400(元)	两室两厅
丽都东镇	南崖区融桥半岛云庭B区	7800(元)	三室一厅
纳丹堡	重庆北部新区泰山大道中段	7600(元)	两室两厅
新华联丽景	榆北区北部新区新牌坊中央美地旁边	5200(元)	三室
星河皓	北回归线一号路云翔集团右侧	5800(元)	二室一厅
花纺易城	融南桥北边友爱医院右侧100米	6000(元)	二室

图10-216

（12）选择"直线段"工具，按住Shift键的同时，在页面适当的位置拖曳鼠标绘制一条直线段，填充描边色为黑色。在属性栏中将"描边粗细"选项设为2pt，按Enter键确认操作，效果如图10-217所示。选择"选择"工具，按住Alt+Shift组合键的同时，垂直向下拖曳2条直线段到适当的位置，复制2条直线段，效果如图10-218所示。

项目名称	项目地址	开盘最高价	热销户楼
润泽庄园	江北区江北华新流道	5000(元)	两室一厅
世茂奥临园	沙坪坦区杨公路105号	5800(元)	一室一厅
美利山	南崖区弹子石洋人街附近	5100(元)	一室一厅
金都杭城	南崖区南湖路30号（邮政局后）	6400(元)	两室两厅
丽都东镇	南崖区融桥半岛云庭B区	7800(元)	三室一厅
纳丹堡	重庆北部新区泰山大道中段	7600(元)	两室两厅
新华联丽景	榆北区北部新区新牌坊中央美地旁边	5200(元)	三室
星河皓	北回归线一号路云翔集团右侧	5800(元)	二室一厅
花纺易城	融南桥北边友爱医院右侧100米	6000(元)	二室

图10-217

项目名称	项目地址	开盘最高价	热销户楼
润泽庄园	江北区江北华新流道	5000(元)	两室一厅
世茂奥临园	沙坪坦区杨公路105号	5800(元)	一室一厅
美利山	南崖区弹子石洋人街附近	5100(元)	一室一厅
金都杭城	南崖区南湖路30号（邮政局后）	6400(元)	两室两厅
丽都东镇	南崖区融桥半岛云庭B区	7800(元)	三室一厅
纳丹堡	重庆北部新区泰山大道中段	7600(元)	两室两厅
新华联丽景	榆北区北部新区新牌坊中央美地旁边	5200(元)	三室
星河皓	北回归线一号路云翔集团右侧	5800(元)	二室一厅
花纺易城	融南桥北边友爱医院右侧100米	6000(元)	二室

图10-218

（13）选择"窗口 > 描边"命令，弹出"描边"面板，选项的设置如图10-219所示，按Enter键确认操作，效果如图10-220所示。

图10-219

项目名称	项目地址	开盘最高价	热销户楼
润泽庄园	江北区江北华新流道	5000(元)	两室一厅
世茂奥临园	沙坪坦区杨公路105号	5800(元)	一室一厅
美利山	南崖区弹子石洋人街附近	5100(元)	一室一厅
金都杭城	南崖区南湖路30号（邮政局后）	6400(元)	两室两厅
丽都东镇	南崖区融桥半岛云庭B区	7800(元)	三室一厅
纳丹堡	重庆北部新区泰山大道中段	7600(元)	两室两厅
新华联丽景	榆北区北部新区新牌坊中央美地旁边	5200(元)	三室
星河皓	北回归线一号路云翔集团右侧	5800(元)	二室一厅
花纺易城	融南桥北边友爱医院右侧100米	6000(元)	二室

图10-220

（14）按住Alt+Shift组合键的同时，垂直向下拖曳虚线到适当的位置，复制虚线，效果如图10-221所示。按多次Ctrl+D组合键，复制多条虚线，效果如图10-222所示。

项目名称	项目地址	开盘最高价	热销户楼
润泽庄园	江北区江北华新流道	5000（元）	两室一厅
世茂奥临园	沙坪坝区杨公路105号	5800（元）	一室一厅
美利山	南岸区弹子石洋人街附近	5100（元）	一室一厅
金都杭城	南岸区南湖路30号（邮政局后）	6400（元）	两室两厅
丽都东镇	南岸区融桥半岛云庭B区	7800（元）	三室一厅
纳丹堡	重庆北部新区泰山大道中段	7600（元）	两室两厅
新华联丽景	渝北区北部新区新牌坊中央美地旁边	5200（元）	三室
星河皓	北回归线一号路云翔集团右侧	5800（元）	二室一厅
花坊易城	融南桥北边友爱医院右侧100米	6000（元）	二室

图10-221

项目名称	项目地址	开盘最高价	热销户楼
润泽庄园	江北区江北华新流道	5000（元）	两室一厅
世茂奥临园	沙坪坝区杨公路105号	5800（元）	一室一厅
美利山	南岸区弹子石洋人街附近	5100（元）	一室一厅
金都杭城	南岸区南湖路30号（邮政局后）	6400（元）	两室两厅
丽都东镇	南岸区融桥半岛云庭B区	7800（元）	三室一厅
纳丹堡	重庆北部新区泰山大道中段	7600（元）	两室两厅
新华联丽景	渝北区北部新区新牌坊中央美地旁边	5200（元）	三室
星河皓	北回归线一号路云翔集团右侧	5800（元）	二室一厅
花坊易城	融南桥北边友爱医院右侧100米	6000（元）	二室

图10-222

（15）保持虚线的选取状态。在"描边"面板中取消勾选"虚线"复选框，效果如图10-223所示。按住Alt+Shift组合键的同时，垂直向下拖曳直线段到适当的位置，复制直线段，效果如图10-224所示。在属性栏中将"描边粗细"选项设为2pt，按Enter键确认操作，效果如图10-225所示。

项目名称	项目地址	开盘最高价	热销户楼
润泽庄园	江北区江北华新流道	5000（元）	两室一厅
世茂奥临园	沙坪坝区杨公路105号	5800（元）	一室一厅
美利山	南岸区弹子石洋人街附近	5100（元）	一室一厅
金都杭城	南岸区南湖路30号（邮政局后）	6400（元）	两室两厅
丽都东镇	南岸区融桥半岛云庭B区	7800（元）	三室一厅
纳丹堡	重庆北部新区泰山大道中段	7600（元）	两室两厅
新华联丽景	渝北区北部新区新牌坊中央美地旁边	5200（元）	三室
星河皓	北回归线一号路云翔集团右侧	5800（元）	二室一厅
花坊易城	融南桥北边友爱医院右侧100米	6000（元）	二室

图10-223

项目名称	项目地址	开盘最高价	热销户楼
润泽庄园	江北区江北华新流道	5000（元）	两室一厅
世茂奥临园	沙坪坝区杨公路105号	5800（元）	一室一厅
美利山	南岸区弹子石洋人街附近	5100（元）	一室一厅
金都杭城	南岸区南湖路30号（邮政局后）	6400（元）	两室两厅
丽都东镇	南岸区融桥半岛云庭B区	7800（元）	三室一厅
纳丹堡	重庆北部新区泰山大道中段	7600（元）	两室两厅
新华联丽景	渝北区北部新区新牌坊中央美地旁边	5200（元）	三室
星河皓	北回归线一号路云翔集团右侧	5800（元）	二室一厅
花坊易城	融南桥北边友爱医院右侧100米	6000（元）	二室

图10-224

项目名称	项目地址	开盘最高价	热销户楼
润泽庄园	江北区江北华新流道	5000（元）	两室一厅
世茂奥临园	沙坪坝区杨公路105号	5800（元）	一室一厅
美利山	南岸区弹子石洋人街附近	5100（元）	一室一厅
金都杭城	南岸区南湖路30号（邮政局后）	6400（元）	两室两厅
丽都东镇	南岸区融桥半岛云庭B区	7800（元）	三室一厅
纳丹堡	重庆北部新区泰山大道中段	7600（元）	两室两厅
新华联丽景	渝北区北部新区新牌坊中央美地旁边	5200（元）	三室
星河皓	北回归线一号路云翔集团右侧	5800（元）	二室一厅
花坊易城	融南桥北边友爱医院右侧100米	6000（元）	二室

图10-225

（16）选择"矩形"工具，在适当的位置绘制矩形。设置填充色为青色（其C、M、Y、K的值分别为30、0、0、0），填充矩形，并设置描边色为无，效果如图10-226所示。连续按Ctrl+ [组合键，后移矩形，效果如图10-227所示。

项目名称	项目地址	开盘最高价	热销户楼
润泽庄园	江北区江北华新流道	5000（元）	两室一厅
世茂奥临园	沙坪坝区杨公路105号	5800（元）	一室一厅
美利山	南岸区弹子石洋人街附近	5100（元）	一室一厅
金都杭城	南岸区南湖路30号（邮政局后）	6400（元）	两室两厅
丽都东镇	南岸区融桥半岛云庭B区	7800（元）	三室一厅
纳丹堡	重庆北部新区泰山大道中段	7600（元）	两室两厅
新华联丽景	渝北区北部新区新牌坊中央美地旁边	5200（元）	三室
星河皓	北回归线一号路云翔集团右侧	5800（元）	二室一厅
花坊易城	融南桥北边友爱医院右侧100米	6000（元）	二室

图10-226

项目名称	项目地址	开盘最高价	热销户楼
润泽庄园	江北区江北华新流道	5000（元）	两室一厅
世茂奥临园	沙坪坝区杨公路105号	5800（元）	一室一厅
美利山	南岸区弹子石洋人街附近	5100（元）	一室一厅
金都杭城	南岸区南湖路30号（邮政局后）	6400（元）	两室两厅
丽都东镇	南岸区融桥半岛云庭B区	7800（元）	三室一厅
纳丹堡	重庆北部新区泰山大道中段	7600（元）	两室两厅
新华联丽景	渝北区北部新区新牌坊中央美地旁边	5200（元）	三室
星河皓	北回归线一号路云翔集团右侧	5800（元）	二室一厅
花坊易城	融南桥北边友爱医院右侧100米	6000（元）	二室

图10-227

（17）选择"直线段"工具，按住Shift键的同时，在页面适当的位置拖曳鼠标绘制一条直线段，填充描边色为黑色。在属性栏中将"描边粗细"选项设为1pt，按Enter键确认操作，效果如图10-228所示。按住Alt+Shift组合键的同时，水平向右拖曳2条直线段到适当的位置，复制2条直线段，效果如图10-229所示。

项目名称	项目地址	开盘最高价	热销户楼
润泽庄园	江北区江北华新流道	5000（元）	两室一厅
世茂奥临园	沙坪坝区杨公路105号	5800（元）	一室一厅
美利山	南崖区弹子石洋人街附近	5100（元）	一室一厅
金邸杭城	南崖区南湖路30号（邮政局后）	6400（元）	两室两厅
丽都东镇	南崖区融桥半岛云庭区	7800（元）	三室一厅
纳丹堡	重庆北部新区泰山大道中段	7600（元）	两室两厅
新华联园景	榆北区北部新区新牌坊中央美地旁边	5200（元）	三室
星河峪	北回归线一号路云翔集团右侧	5800（元）	二室一厅
花坊易城	融南桥北边友爱医院右侧100米	6000（元）	二室

图10-228

项目名称	项目地址	开盘最高价	热销户楼
润泽庄园	江北区江北华新流道	5000（元）	两室一厅
世茂奥临园	沙坪坝区杨公路105号	5800（元）	一室一厅
美利山	南崖区弹子石洋人街附近	5100（元）	一室一厅
金邸杭城	南崖区南湖路30号（邮政局后）	6400（元）	两室两厅
丽都东镇	南崖区融桥半岛云庭区	7800（元）	三室一厅
纳丹堡	重庆北部新区泰山大道中段	7600（元）	两室两厅
新华联园景	榆北区北部新区新牌坊中央美地旁边	5200（元）	三室
星河峪	北回归线一号路云翔集团右侧	5800（元）	二室一厅
花坊易城	融南桥北边友爱医院右侧100米	6000（元）	二室

图10-229

（18）选择"选择"工具，用圈选的方法将文字和图形同时选取，拖曳到适当的位置，效果如图10-230所示。选择"文件 > 置入"命令，弹出"置入"对话框，选择本书学习资源中的"Ch10 > 素材 > 房地产宣传册内页2设计 > 03"文件，单击"置入"按钮，将图片置入页面中。在属性栏中单击"嵌入"按钮，嵌入图片。选择"选择"工具，将图片拖曳到适当的位置并调整其大小，如图10-231所示。

图10-230

图10-231

（19）选择"圆角矩形"工具，在适当的位置单击弹出"圆角矩形"对话框，设置如图10-232所示，单击"确定"按钮，生成圆角矩形，效果如图10-233所示。选择"选择"工具，按住Alt+Shift组合键的同时，垂直向下拖曳图形到适当的位置，复制圆角矩形，效果如图10-234所示。用相同的方法再次复制图形，效果如图10-235所示。

图10-232　　　　　　　图10-233

图10-234　　　　　　　图10-235

（20）按住Shift键的同时，将3个圆角矩形同时选取。选择"对象 > 复合路径 > 建立"命令，建立复合路径，效果如图10-236所示。按住Shift键的同时，选取图片。按Ctrl+7组合键，建立剪切蒙版，效果如图10-237所示。

图10-236　　　　　　　　图10-237

（21）房地产宣传册内页2制作完成，效果如图10-238所示。按Shift+Ctrl+S组合键，弹出"存储为"对话框，将其命名为"房地产宣传册内页2设计"，保存为AI格式，单击"保存"按钮，将

文件保存。

图10-238

课后习题——房地产宣传册内页3设计

【习题知识要点】在Illustrator中，使用文字工具和字符面板添加标题和介绍文字，使用置入命令、矩形工具、椭圆工具和创建剪切蒙版命令添加宣传图片，使用直线段工具和椭圆工具绘制装饰图形。房地产宣传册内页3设计效果如图10-239所示。

【效果所在位置】Ch10/效果/房地产宣传册内页3设计.ai。

图10-239

178

第 *11* 章

杂志设计

本章介绍

　　杂志是比较重要的宣传媒介之一，它具有目标受众准确、时效性强、宣传力度大、效果明显等特点。时尚类杂志的设计可以轻松、活泼、色彩丰富。版式内的图文编排可以灵活多变，但要注意把握风格的整体性。本章以时尚杂志为例，讲解杂志的设计方法和制作技巧。

学习目标

◆ 掌握在Photoshop软件中制作杂志封面背景图的方法。
◆ 掌握在Illustrator软件中制作其他栏目内容的技巧。

【案例学习目标】在Photoshop中，学习使用滤镜命令和调整层制作封面底图。在Illustrator中，学习使用绘图工具、文字工具和字符面板添加杂志栏目。

【案例知识要点】在Photoshop中，使用镜头光晕滤镜命令添加光晕效果，使用色阶调整层和色相/饱和度调整层调整图片颜色。在Illustrator中，使用置入命令置入背景底图，使用文字工具和字符面板添加杂志和栏目名称，使用椭圆工具和剪刀工具制作圆弧，使用倾斜命令倾斜文字。杂志封面设计效果如图11-1所示。

【效果所在位置】Ch11/效果/杂志封面设计.ai。

图11-1

Photoshop 应用

11.1.1   制作封面底图

（1）打开Photoshop软件，按Ctrl＋N组合键，新建一个文件，设置宽度为21cm，高度为27cm，分辨率为150像素/英寸，颜色模式为RGB，背景内容为白色。按Ctrl＋O组合键，打开本书学习资源中的"Ch11 > 素材 > 杂志封面设计 > 01"文件。选择"移动"工具 ，将图片拖曳到图像窗口的适当位置，效果如图11-2所示，

在"图层"控制面板中生成新的图层并将其命名为"图片"。

图11-2

（2）选择"滤镜 > 渲染 > 镜头光晕"命令，在弹出的对话框中进行设置，如图11-3所示，单击"确定"按钮，效果如图11-4所示。

图11-3

图11-4

（3）单击"图层"控制面板下方的"创建新的填充或调整图层"按钮 ，在弹出的菜单中选择"色阶"命令，在"图层"控制面板中生成"色阶1"图层，同时弹出"色阶"面板，设置如图11-5所示，按Enter键确认操作，效果如图11-6所示。

图11-5　　　　　　　图11-6

（4）单击"图层"控制面板下方的"创建新的填充或调整图层"按钮 ，在弹出的菜单中选择"色相/饱和度"命令，在"图层"控制面板中生成"色相/饱和度1"图层，同时弹出"色相/饱和度"面板，设置如图11-7所示，按Enter键确认操作，效果如图11-8所示。

图11-7　　　　　　　图11-8

（5）杂志封面底图制作完成。按Shift+Ctrl+E组合键，合并可见图层。按Ctrl+S组合键，弹出"存储为"对话框，将其命名为"杂志封面底图"，保存为JPEG格式，单击"保存"按钮，弹出"JPEG选项"对话框，单击"确定"按钮，将图像保存。

Illustrator 应用

11.1.2　制作杂志栏目

（1）打开Illustrator软件，按Ctrl+N组合键，新建一个文档，设置文档的宽度为210mm，高度为270mm，取向为竖向，颜色模式为CMYK，单击"确定"按钮。选择"文件 > 置入"命令，弹出"置入"对话框，选择本书学习资源中的"Ch11 > 效果 > 杂志封面底图"文件，单击"置入"按钮，置入文件。单击属性栏中的"嵌入"按钮，嵌入图片。选择"选择"工具 ，拖曳到适当的位置并调整其大小，效果如图11-9所示。

（2）选择"文字"工具 ，在适当的位置分别输入需要的文字。选择"选择"工具 ，在属性栏中选择合适的字体并设置文字大小。设置填充色为咖啡色（其C、M、Y、K的值分别为66、82、98、57），填充文字，效果如图11-10所示。

图11-9　　　　　　　图11-10

（3）选择"文字"工具 ，在适当的位置输入需要的文字。选择"选择"工具 ，在属性栏中选择合适的字体并设置文字大小。设置填充色为橘色（其C、M、Y、K的值分别为8、80、95、0），填充文字，效果如图11-11所示。

图11-11

（4）保持文字的选取状态。选择"窗口 > 文字 > 字符"命令，弹出"字符"面板，将"设置所选字符的字距调整"选项 ⊠ 设为-20，如图 11-12所示，按Enter键确认操作，效果如图11-13 所示。

图11-12

图11-13

（5）选择"文字"工具 T ，在适当的位置分别输入需要的文字。选择"选择"工具 ▶ ，在属性栏中分别选择合适的字体并设置文字大小。设置填充色为咖啡色（其C、M、Y、K的值分别为66、82、98、57），填充文字，效果如图11-14所示。

图11-14

（6）选择"选择"工具 ▶ ，将两个文字同时选取。在"字符"面板中将"设置所选字符的字距调整"选项 ⊠ 设为-40，如图11-15所示，按

Enter键确认操作，效果如图11-16所示。

图11-15

图11-16

（7）选择"文字"工具 T ，在适当的位置分别输入需要的文字。选择"选择"工具 ▶ ，在属性栏中分别选择合适的字体并设置文字大小，效果如图11-17所示。

图11-17

（8）选择"选择"工具 ▶ ，按住Shift键的同时，选取需要的文字。设置填充色为棕色（其C、M、Y、K的值分别为56、78、100、34），填充文字，效果如图11-18所示。按住Shift键的同时，再次选取需要的文字。设置填充色为橘色（其C、M、Y、K的值分别为8、80、95、0），填充文字，效果如图11-19所示。

图11-18

图11-19

（9）选择"选择"工具 ▶ ，将需要的文字选取。在"字符"面板中将"设置所选字符的字距调整"选项 ⊠ 设为-40，如图11-20所示，按Enter键确认操作，效果如图11-21所示。

图11-20　　　　　　　图11-21

（10）选择"选择"工具 ↖，将需要的文字选取。在"字符"面板中将"设置所选字符的字距调整"选项 ⅧA 设为-80，如图11-22所示，按Enter键确认操作，效果如图11-23所示。

图11-22　　　　　　　图11-23

（11）选择"选择"工具 ↖，将需要的文字选取。在"字符"面板中将"设置行距"选项 ⅢA 设为11.7pt，如图11-24所示，按Enter键确认操作，效果如图11-25所示。

图11-24　　　　　　　图11-25

（12）选择"文字"工具 T，将需要的文字选取。在"字符"面板中将"设置所选字符的字距调整"选项 ⅧA 设为100，如图11-26所示，按Enter键确认操作，效果如图11-27所示。再次选取需要的文字，在"字符"面板中将"设置所选字符的字距调整"选项 ⅧA 设为-80，

如图11-28所示，按Enter键确认操作，效果如图11-29所示。

图11-26　　　　　　　图11-27

图11-28　　　　　　　图11-29

（13）选择"文字"工具 T，在适当的位置分别输入需要的文字。选择"选择"工具 ↖，在属性栏中分别选择合适的字体并设置文字大小，效果如图11-30所示。按住Shift键的同时，选取需要的文字。设置填充色为棕色（其C、M、Y、K的值分别为56、78、100、34），填充文字，效果如图11-31所示。

图11-30　　　　　　　图11-31

（14）选取需要的文字。设置填充色为咖啡色（其C、M、Y、K的值分别为66、82、98、57），填充文字，效果如图11-32所示。按住Shift键的同时，再次选取需要的文字。设置填充色为橘色（其C、M、Y、K的值分别为8、80、95、

0），填充文字，效果如图11-33所示。

图11-32

图11-33

（15）选择“椭圆”工具，按住Shift键的同时，在适当的位置绘制圆形。设置描边色为橘色（其C、M、Y、K的值分别为8、80、95、0），填充描边。在属性栏中将“描边粗细”选项设为0.5pt，按Enter键确认操作，效果如图11-34所示。选择“剪刀”工具，在圆形上需要的位置单击，剪切图形，如图11-35所示，在另一位置再次单击，剪切图形，如图11-36所示。

图11-34

图11-35

图11-36

（16）选择“选择”工具，选取需要的图形，如图11-37所示，按Delete键，删除图形，效果如图11-38所示。按住Shift键的同时，选取需要的图形和文字，拖曳鼠标将其旋转到适当的角度，效果如图11-39所示。

图11-37

图11-38

图11-39

（17）选择“文字”工具，在适当的位置分别输入需要的文字。选择“选择”工具，在属性栏中分别选择合适的字体和文字大小，效果如图11-40所示。分别选取需要的文字，填充适当的颜色，效果如图11-41所示。

图11-40

图11-41

（18）选择“选择”工具，将需要的文字选取。选择“对象 > 变换 > 倾斜”命令，在弹出的对话框中进行设置，如图11-42所示，单击“确定”按钮，效果如图11-43所示。

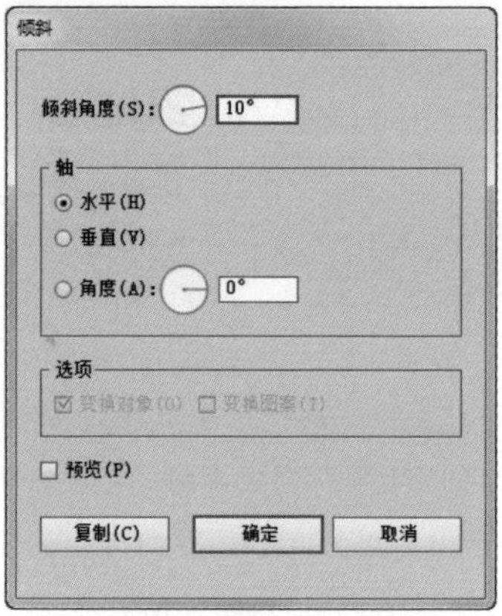

图11-42

图11-43

（19）选择“文字”工具，在适当的位置输入需要的文字。选择“选择”工具，在属性栏中选择合适的字体并设置文字大小。设置填充色为咖啡色（其C、M、Y、K的值分别为66、82、

98、57），填充文字，效果如图11-44所示。

（20）按Ctrl+O组合键，打开本书学习资源中的"Ch11 > 素材 > 杂志封面设计 > 02"文件，选择"选择"工具，按Ctrl+A组合键，全选图形。按Ctrl+C组合键，复制图形。选择正在编辑的页面，按Ctrl+V组合键，将其粘贴到页面中，并拖曳到适当的位置，效果如图11-45所示。

图11-44   图11-45

（21）杂志封面制作完成，效果如图11-46所示。按Ctrl+S组合键，弹出"存储为"对话框，将其命名为"杂志封面设计"，保存文件为AI格式，单击"保存"按钮，将文件保存。

图11-46

11.2　旅游栏目设计

【案例学习目标】在Illustrator中，学习使用置入命令、文字工具和字符面板制作旅游栏目。

【案例知识要点】在Illustrator中，使用变换面板添加参考线，使用矩形工具、文字工具和直线段工具制作栏目名称，使用文字工具和字符面板添加栏目内容，使用圆角矩形工具绘制栏目区隔框，使用置入命令、矩形工具和创建剪贴蒙版命令制作宣传图片。旅游栏目设计效果如图11-47所示。

【效果所在位置】Ch11/效果/旅游栏目设计.ai。

图11-47

Illustrator 应用

11.2.1　制作栏目标题

（1）打开Illustrator软件，按Ctrl+N组合键，新建一个文档，设置文档的宽度为420mm，高度为270mm，取向为横向，颜色模式为CMYK，单击"确定"按钮。选择"选择"工具，从标尺左侧拖曳出参考线。选择"窗口 > 变换"命令，弹出"变换"面板，将"X"轴选项设为13mm，按Enter键确认操作，效果如图11-48所示。用相同的方法在201mm、210mm、219mm和407mm处添加参考线，效果如图11-49所示。

图11-48

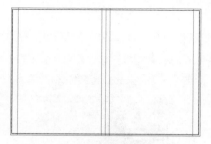

图11-49

（2）选择"选择"工具▶，从标尺上方拖曳出参考线。在"变换"面板中将"Y"轴选项设为16mm，如图11-50效果所示。用相同的方法在21mm和257mm处添加参考线，效果如图11-51所示。

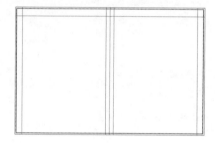

图11-50

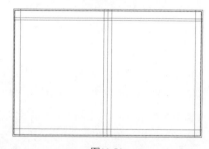

图11-51

（3）选择"矩形"工具▣，在适当的位置绘制一个矩形。设置填充色为蓝色（其C、M、Y、K的值分别为86、52、6、0），填充图形，并设置描边色为无，效果如图11-52所示。选择"文字"工具T，在适当的位置输入需要的文字。选择"选择"工具▶，在属性栏中选择合适的字体并设置文字大小，填充文字为白色，效果如图11-53所示。

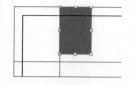

| 图11-52 | 图11-53 |

（4）选择"文字"工具T，在适当的位置分别输入需要的文字。选择"选择"工具▶，在属性栏中分别选择合适的字体并设置文字大小，效果如图11-54所示。选择"直线段"工具／，按住Shift键的同时，在适当的位置拖曳鼠标绘制直线段。在属性栏中将"描边粗细"选项设为1pt，按Enter键确认操作，效果如图11-55所示。

| 图11-54 | 图11-55 |

（5）选择"矩形"工具▣，在适当的位置绘制一个矩形。设置填充色为品红色（其C、M、Y、K的值分别为22、94、13、0），填充图形，并设置描边色为无，效果如图11-56所示。选择"文字"工具T，在适当的位置拖曳文本框并输入需要的文字。选择"选择"工具▶，在属性栏中选择合适的字体和文字大小，填充文字为白色，效果如图11-57所示。

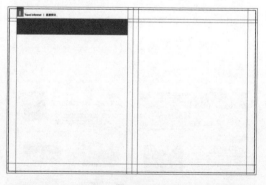

图11-56

图11-57

（6）保持文字的选取状态。选择"窗口 > 文字 > 字符"命令，弹出"字符"面板，将"设置行距"选项设为17pt，将"设置所选字符的字距调整"选项设为25，如图11-58所示，按Enter键确认操作，效果如图11-59所示。

图11-58

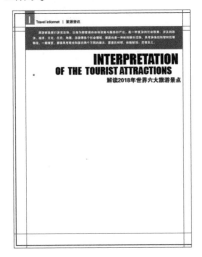

图11-59

（7）选择"文字"工具，在适当的位置分别输入需要的文字。选择"选择"工具，在属性栏中分别选择合适的字体并设置文字大小，效果如图11-60所示。按住Shift键的同时，选取需要的文字。设置填充色为蓝色（其C、M、Y、K的值分别为86、52、6、0），填充文字，效果如图11-61所示。再次选取需要的文字。设置填充色为灰色（其C、M、Y、K的值分别设置为71、64、61、15），填充文字，效果如图11-62所示。

图11-60

图11-61

图11-62

（8）选择"选择"工具，将需要的文字同时选取。在"字符"面板中将"设置所选字符的字距调整"选项设为25，如图11-63所示，按Enter键确认操作，效果如图11-64所示。单击属性栏中的"水平右对齐"按钮，右对齐文字，效果如图11-65所示。

图11-63

图11-64

图11-65

11.2.2 制作栏目内容

（1）选择"圆角矩形"工具，在页面上单击弹出"圆角矩形"对话框，选项的设置如图

11-66所示，单击"确定"按钮，效果如图11-67
所示。

图11-66

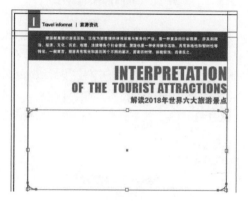

图11-67

（2）保持图形的选取状态。设置描边色为蓝色（其C、M、Y、K的值分别为87、54、8、0），填充描边，效果如图11-68所示。选择"矩形"工具▣，在适当的位置绘制一个矩形。设置填充色为贝色（其C、M、Y、K的值分别为4、3、3、0），填充图形，并设置描边色为无，效果如图11-69所示。

图11-68

图11-69

（3）选择"效果 > 风格化 > 投影"命令，在弹出的对话框中进行设置，如图11-70所示，单击"确定"按钮，效果如图11-71所示。

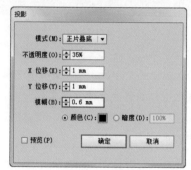

图11-70

图11-71

（4）选择"文件 > 置入"命令，弹出"置入"对话框，选择本书学习资源中的"Ch11 > 素材 > 旅游栏目设计 > 01"文件，单击"置入"按钮，置入文件。单击属性栏中的"嵌入"按钮，嵌入图片。选择"选择"工具▶，调整图片的位置和大小，效果如图11-72所示。

图11-72

（5）选择"矩形"工具▣，在适当的位置绘制一个矩形，如图11-73所示。选择"选择"工具▶，按住Shift键的同时，将矩形和图片全部选中。按Ctrl+7组合键，创建剪贴蒙版，效果如图11-74所示。

图11-73

图11-74

（6）选择"文字"工具Ⓣ，在适当的位置分别输入需要的文字。选择"选择"工具▶，在属性栏中分别选择合适的字体和文字大小，效果如图11-75所示。

图11-75

（7）选择"选择"工具▶，选取需要的文字。在"字符"面板中将"设置所选字符的字距调整"选项ⅤA设为25，如图11-76所示，按Enter键确认操作，效果如图11-77所示。再次选取需要的文字。在"字符"面板中将"设置所选字符的字距调整"选项ⅤA设为-75，如图11-78所示，按Enter键确认操作，效果如图11-79所示。

图11-76

图11-77

图11-78

图11-79

（8）选择"矩形"工具▣，在适当的位置绘制一个矩形，设置填充色为蓝色（其C、M、Y、K的值分别为86、52、6、0），填充图形，并设置描边色为无，效果如图11-80所示。选择"选择"工具▶，选取图形。连续按Ctrl+[组合键，后移图形，效果如图11-81所示。选取左侧的文字。设置填充色为品红色（其C、M、Y、K的值分别为22、94、13、0），填充文字，效果如图11-82所示。

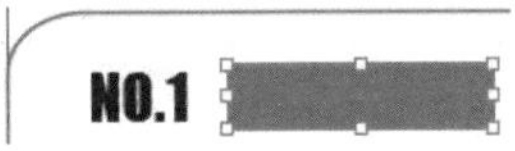

图11-80

图11-81

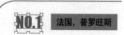

图11-82

（9）选择"选择"工具 ，选取需要的文字，填充为白色，效果如图11-83所示。选择"文字"工具 ，在适当的位置拖曳文本框并输入需要的文字。选择"选择"工具 ，在属性栏中选择合适的字体和文字大小，效果如图11-84所示。

图11-83

图11-84

（10）保持文字的选取状态。在"字符"面板中将"设置行距"选项 设为15pt，"设置所选字符的字距调整"选项 设为25，如图11-85所示，按Enter键确认操作，效果如图11-86所示。

图11-85

图11-86

（11）用相同的方法制作其他旅游栏目，效果如图11-87所示。选择"选择"工具 ，选取需要的图形，拖曳鼠标将其旋转到适当的角度，效果如图11-88所示。

图11-87

图11-88

（12）选择"选择"工具 ，选取需要的图形。选择"剪刀"工具 ，在图形上需要的位置单击，剪切图形，如图11-89所示，在另一位置再次单击，剪切图形，如图11-90所示。选择"选择"工具 ，选取需要的图形，如图11-91所示。按Delete键，删除图形，效果如图11-92所示。

图11-89

图11-90

图11-91

图11-92

（13）旅游栏目制作完成，效果如图11-93所示。按Ctrl+S组合键，弹出"存储为"对话框，将其命名为"旅游栏目设计"，保存文件为AI格式，单击"保存"按钮，将文件保存。

图11-93

11.3　服饰栏目设计

【案例学习目标】在Illustrator中，学习使用置入命令、绘图工具、文字工具和字符面板制作服饰栏目。

【案例知识要点】在Illustrator中，使用置入命令、矩形工具和创建剪贴蒙版命令制作栏目图片，使用椭圆工具、矩形工具、直线段工具、混合命令和文字工具制作标志图形，使用文字工具、矩形工具、投影命令和字符面板添加栏目标题和栏目内容。服饰栏目设计效果如图11-94所示。

【效果所在位置】Ch11/效果/服饰栏目设计.ai。

图11-94

Illustrator 应用

11.3.1　置入并编辑图片

（1）打开Illustrator软件，按Ctrl+N组合键，新建一个文档，设置文档的宽度为420mm，高度为270mm，取向为横向，颜色模式为CMYK，单击"确定"按钮。选择"选择"工具，从标尺左侧拖曳出参考线。选择"窗口 > 变换"命令，弹出"变换"面板，将"X"轴选项设为13mm，效果如图11-95所示。用相同的方法在210mm和407mm处添加参考线，效果如图11-96所示。

图11-95

图11-96

（2）选择"选择"工具，从标尺上方拖曳出参考线。在"变换"面板中将"Y"轴选项设为12mm，如图11-97效果所示。用相同的方法在253mm处添加参考线，效果如图11-98所示。

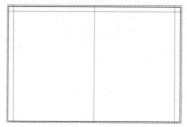

图11-97

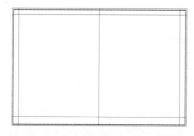

图11-98

（3）选择"矩形"工具，在适当的位置绘制一个矩形。设置填充色为浅灰色（其C、M、Y、K的值分别为0、0、0、9），填充图形，并设置描边色为无，效果如图11-99所示。按Ctrl+2组合键，锁定图形，效果如图11-100所示。

图11-99

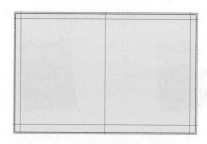

图11-100

（4）选择"文件 > 置入"命令，弹出"置入"对话框，选择本书学习资源中的"Ch11 > 素材 > 服饰栏目设计 > 01"文件，单击"置入"按钮，置入文件。单击属性栏中的"嵌入"按钮，嵌入图片。选择"选择"工具，调整图片的位置和大小，效果如图11-101所示。选择"矩形"工具，在适当的位置绘制一个矩形，如图11-102所示。

图11-101

图11-102

（5）选择"选择"工具，按住Shift键的同时，单击选中图片。按Ctrl+7组合键，创建剪切蒙版，效果如图11-103所示。用相同的方法置入并复制02图片，并制作剪切蒙版，效果如图11-104所示。

图11-103

图11-104

（6）选择"钢笔"工具 ⤵，按住Shift键的同时，在页面中适当的位置绘制折线，如图11-105所示。选择"选择"工具 ▶，粘贴复制的02图片，并调整其大小，效果如图11-106所示。

图11-105

图11-106

（7）选择"椭圆"工具 ⬭，按住Shift键的同时，在适当的位置绘制圆形，如图11-107所示。选择"选择"工具 ▶，按住Shift键的同时，单击选中图片。按Ctrl+7组合键，创建剪切蒙版，效果如图11-108所示。

图11-107

图11-108

（8）保持选取状态，填充描边色为白色。选择"窗口 > 描边"命令，弹出"描边"对话框，选项的设置如图11-109所示，按Enter键确认操作，效果如图11-110所示。用相同的方法制作其他细节，效果如图11-111所示。

图11-109

图11-110

图11-111

11.3.2 添加标志和内容

（1）选择“椭圆”工具，按住Shift键的同时，在适当的位置绘制圆形。设置填充色为红色（其C、M、Y、K的值分别为0、100、100、1），填充图形，并设置描边色为无，效果如图11-112所示。

（2）选择“矩形”工具，在适当的位置绘制一个矩形。填充图形为黑色，并设置描边色为无，效果如图11-113所示。

图11-112

图11-113

（3）按Ctrl+O组合键，打开本书学习资源中的“Ch11 > 素材 > 服饰栏目设计 > 03”文件，选择“选择”工具，按Ctrl+A组合键，全选图形。按Ctrl+C组合键，复制图形。选择正在编辑的页面，按Ctrl+V组合键，将其粘贴到页面中。将图形拖曳到适当的位置，并调整其大小，效果如图11-114所示。

（4）选择“直线段”工具，按住Shift键的同时，在适当的位置绘制直线段。设置填充色为无，设置描边色为红色（其C、M、Y、K的值分别为0、100、100、0），填充描边。在属性栏中将“描边粗细”选项设为1pt，按Enter键确认操作，效果如图11-115所示。

图11-114

图11-115

（5）选择“选择”工具，按住Alt键的同时，拖曳直线到适当的位置段，复制直线段，效果如图11-116所示。选择“对象 > 混合 > 混合选项”命令，在弹出的对话框中进行设置，如图11-117所示，单击“确定”按钮。选择“对象 > 混合 > 建立”命令，建立混合，效果如图11-118所示。

图11-116

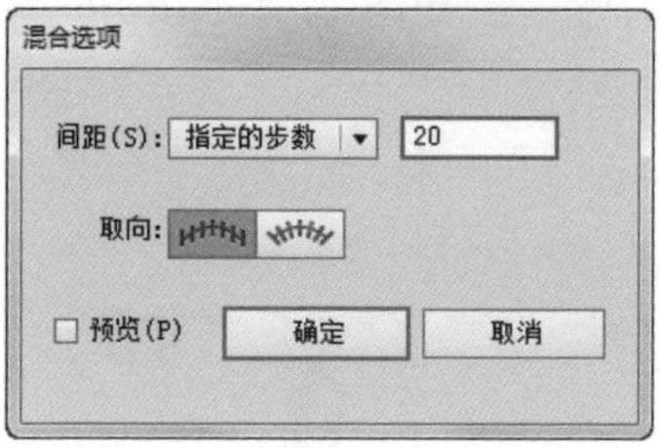

图11-117

图11-118

（6）选择“文字”工具，在适当的位置输入需要的文字。选择“选择”工具，在属性栏中选择合适的字体和文字大小，填充文字为白色，效果如图11-119所示。选择“窗口 > 文字 > 字符”命令，弹出“字符”面板，将“设置所选字符的字距调整”选项设为-50，如图11-120所示，按Enter键确认操作，效果如图11-121所示。

图11-119

图11-120　　　　　图11-121

（7）用圈选的方法将需要的图形和文字同时选取，按Ctrl+G组合键，编组图形，如图11-122所示。将编组图形拖曳到页面的适当位置，效果如图11-123所示。

图11-122

图11-123

（8）选择"文字"工具 T，在适当的位置分别输入需要的文字。选择"选择"工具，在属性栏中分别选择合适的字体并设置文字大小，效果如图11-124所示。选取需要的文字，填充文字为白色，效果如图11-125所示。

图11-124

图11-125

（9）保持文字的选取状态。选择"效果 > 风格化 > 投影"命令，在弹出的对话框中进行设置，如图11-126所示，单击"确定"按钮，效果如图11-127所示。

图11-126

图11-127

（10）选择"矩形"工具，在适当的位置绘制一个矩形。填充图形为白色，并设置描边色为无，效果如图11-128所示。选择"文字"工具 T，在适当的位置拖曳文本框并输入需要的文字。选择"选择"工具，在属性栏中选择合适的字体并设置文字大小，效果如图11-129所示。用相同的方法制作右侧的文字效果，如图11-130所示。

图11-128

图11-129

图11-130

（11）选择"文字"工具 T，在适当的位置选取需要的文字。在"字符"面板中进行设置，如图11-131所示，按Enter键确认操作，效果如图11-132所示。

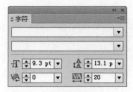

图11-131

图11-132

（12）选择"椭圆"工具 ⊙，按住Shift键的同时，在适当的位置绘制圆形。填充图形为黑色，并设置描边色为无，效果如图11-133所示。选择"选择"工具 ▶，按住Shift+Alt组合键的同时，多次拖曳并复制圆形，效果如图11-134所示。

图11-133　　　　　　　　图11-134

（13）选取下方的文字，按Shift+Ctrl+] 组合键，将文字置于顶层。选择"文字"工具 T，选取需要的文字，填充为白色，效果如图11-135所示。用相同的方法将需要的文字填充为白色，效果如图11-136所示。

图11-135　　　　　　　　图11-136

（14）选择"文字"工具 T ，在适当的位置输入需要的文字。选择"选择"工具 ，在属性栏中选择合适的字体并设置文字大小。设置填充色为暗灰色（其C、M、Y、K的值分别为0、0、0、70），填充文字，效果如图11-137所示。

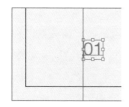

图11-137

（15）服饰栏目制作完成，效果如图11-138

所示。按Ctrl+S组合键，弹出"存储为"对话框，将其命名为"服饰栏目设计"，保存文件为AI格式，单击"保存"按钮，将文件保存。

图11-138

11.4 课后习题——婚礼栏目设计

【习题知识要点】在Illustrator中，使用置入命令、矩形工具和创建剪贴蒙版命令制作宣传图片，使用文字工具和投影命令添加栏目标题，使用矩形工具和透明度面板制作图形半透明效果，使用文字工具、矩形工具和字符面板添加栏目内容。婚礼栏目设计效果如图11-139所示。

【效果所在位置】Ch11/效果/婚礼栏目设计.ai。

图11-139

第 *12* 章

包装设计

本章介绍

　　包装代表着一个商品的品牌形象。好的包装可以让商品在同类产品中脱颖而出，吸引消费者的注意力并引发其购买行为。包装可以起到保护、美化商品及传达商品信息的作用。好的包装更可以极大地提高商品的价值。本章以蓝莓口香糖包装和饮料包装设计为例，讲解包装的设计方法和制作技巧。

学习目标

◆ 掌握在Photoshop软件中制作包装立体效果图的方法。

◆ 掌握在Illustrator软件中制作包装平面展开图的技巧。

蓝莓口香糖包装设计

【案例学习目标】在Illustrator中，学习使用绘图工具、图像描摹按钮、文字工具和字符面板制作包装的平面图。在Photoshop中，学习使用绘图工具、渐变工具和图层面板制作包装立体效果。

【案例知识要点】在Illustrator中，使用矩形工具和复制命令制作平面背景，使用置入命令、图像描摹按钮和扩展命令描摹图片，使用复制命令、编组命令和取消编组命令编辑图片，使用矩形工具和文字工具制作宣传文字，使用文字工具和字符面板添加包装信息。在Photoshop中，使用矩形工具和变换命令制作背景，使用钢笔工具和剪贴蒙版命令制作包装外形，使用矩形工具、图层蒙版和渐变工具制作暗影，使用复制命令、图层混合模式和不透明度选项制作包装封口。蓝莓口香糖包装设计效果如图12-1所示。

【效果所在位置】Ch12/效果/蓝莓口香糖包装设计/蓝莓口香糖包装设计.tif。

图12-1

Illustrator 应用

12.1.1 制作包装图像

（1）打开Illustrator软件，按Ctrl+N组合键，新建一个文档，设置文档的宽度为297mm，高度为210mm，颜色模式为CMYK，单击"确定"按钮。选择"矩形"工具▣，绘制一个矩形。设置填充色为蓝色（其C、M、Y、K的值分别为70、

15、20、0），填充图形，并设置描边色为无，效果如图12-2所示。

图12-2

（2）选择"选择"工具▶，按Ctrl+C组合键，复制图形。按Ctrl+F组合键，原位粘贴图形。拖曳左右两侧中间的控制手柄到适当的位置，效果如图12-3所示。

图12-3

（3）保持图形的选取状态。设置填充色为暗蓝色（其C、M、Y、K的值分别为100、80、40、0），填充图形，效果如图12-4所示。选择"文件 > 置入"命令，弹出"置入"对话框，选择本书学习资源中的"Ch12 > 素材 > 蓝莓口香糖包装设计 > 01"文件，单击"置入"按钮，置入文件。单击属性栏中的"嵌入"按钮，嵌入图片。选择"选择"工具▶，调整图片的大小，效果如图12-5所示。

图12-4

图12-5

（4）单击属性栏中"图像描摹"右侧的按钮▣，在弹出的菜单中选择"6色"，描摹图像，如图12-6所示。选择"对象 > 扩展"命令，在弹出的对话框中进行设置，如图12-7所示，单击"确定"按钮，效果如图12-8所示。

图12-6

图12-7

图12-8

（5）按多次Shift+Ctrl+G组合键，取消多次编组。选择"选择"工具，选取不需要的图像，如图12-9所示。按Delete键，删除选取的图像，效果如图12-10所示。

图12-9　　　　　　图12-10

（6）再次选取不需要的图像，按Delete键，删除选取的图像，效果如图12-11所示。用圈选的方法将需要的图像同时选取，按Ctrl+G组合键，编组图像，如图12-12所示。

图12-11　　　　　　图12-12

（7）按Ctrl+C组合键，复制图形。按Ctrl+F组合键，原位粘贴图形。调整其大小和角度，效果如图12-13所示。按Ctrl+ [组合键，后移图像，效果如图12-14所示。用圈选的方法将需要的图像同时选取，并拖曳到适当的位置，效果如图12-15所示。

图12-13　　　　　　　图12-14

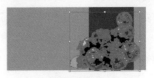

图12-15

12.1.2　制作内容文字

（1）选择"矩形"工具，在页面中绘制一个矩形。填充为白色，并设置描边色为无，效果如图12-16所示。选择"文字"工具，在适当的位置输入需要的文字。选择"选择"工具，在属性栏中选择合适的字体并设置文字大小，效果如图12-17所示。

图12-16

图12-17

（2）保持文字的选取状态。选择"窗口 > 文字 > 字符"命令，弹出"字符"面板，将"设置行距"选项设为56.2pt，将"设置所选字符的字距调整"选项设为75，如图12-18所示，按Enter键确认操作，效果如图12-19所示。

图12-18

200

图12-19

（3）选择"文字 > 创建轮廓"命令，创建文字轮廓，如图12-20所示。按住Shift键的同时，单击白色矩形，将其同时选取，如图12-21所示。选择"窗口 > 对齐"命令，弹出"对齐"面板，单击"水平居中对齐"按钮图和"垂直居中对齐"按钮图，居中对齐图像，效果如图12-22所示。

图12-20   图12-21   图12-22

（4）保持图像的选取状态。选择"窗口 > 路径查找器"命令，弹出"路径查找器"面板，单击"减去顶层"按钮图，如图12-23所示，生成新的对象，效果如图12-24所示。

图12-23   图12-24

（5）选择"选择"工具，按住Shift键的同时，拖曳鼠标旋转图像，并将图像拖曳到适当的位置，效果如图12-25所示。选择"文字"工具，在适当的位置分别输入需要的文字。选择"选择"工具，在属性栏中分别选择合适的字体和文字大小，填充文字为白色，效果如图12-26所示。

图12-25

（6）选择"选择"工具，将输入的文字同时选取。单击属性栏中的"水平左对齐"按钮，左对齐文字，效果如图12-27所示。选取需要的文字。在"字符"面板中将"设置所选字符的字距调整"选项设为75，如图12-28所示，按Enter键确认操作，效果如图12-29所示。

图12-26

图12-27

图12-28   图12-29

（7）选取需要的文字。在"字符"面板中将"水平缩放"选项设为89.4%，如图12-30所示，按Enter键确认操作，效果如图12-31所示。

图12-30   图12-31

（8）选取需要的文字。设置填充色为暗蓝色（其C、M、Y、K的值分别为100、100、0、47），填充文字，效果如图12-32所示。在"字符"面板中将"设置行距"选项设为32pt，将"水平缩放"选项 $\mathbf{I}$ 设为71.5%，如图12-33所示，按Enter键确认操作，效果如图12-34所示。

图12-32　　　　　　图12-33

图12-34

（9）蓝莓口香糖包装平面图制作完成。按Ctrl+S组合键，弹出"存储为"对话框，将其命名为"蓝莓口香糖包装平面图"，保存为AI格式，单击"保存"按钮，将文件保存。

Photoshop 应用

12.1.3　制作立体效果

（1）打开Photoshop软件，按Ctrl＋N组合键，新建一个文件：宽度为15cm，高度为10cm，分辨率为300像素/英寸，颜色模式为RGB，背景内容为白色。将前景色设为橙色（其R、G、B的值分别为240、137、0）。按Alt+Delete组合键，用前景色填充背景图层，效果如图12-35所示。

图12-35

（2）将前景色设为浅灰色（其R、G、B的值分别为219、219、219）。选择"矩形"工具 $\blacksquare$，在属性栏中的"选择工具模式"选项中选择"形状"，在图像窗口中拖曳鼠标绘制矩形，效果如图12-36所示，"图层"控制面板中自动生成一个"矩形1"图层。

图12-36

（3）按Ctrl+T组合键，在图形周围出现变换框，拖曳鼠标将其旋转到适当的角度，并调整其位置，按Enter键确认操作，效果如图12-37所示。选择"移动"工具 $\blacktriangleright$，按住Alt键的同时，拖曳矩形到适当的位置，复制矩形，效果如图12-38所示，"图层"控制面板中自动生成一个"矩形1副本"图层。

图12-37

图12-38

（4）将前景色设为青色（其R、G、B的值分别为50、194、247）。选择"矩形"工具 $\blacksquare$，在图像窗口中拖曳鼠标绘制矩形。选择"移动"工具 $\blacktriangleright$，将矩形拖曳到适当的位置，效果如图12-39所示，在"图层"控制面板中生成"矩形

2"图层。在"图层"控制面板中，将"矩形2"图层拖曳到"矩形1副本"图层的下方，效果如图12-40所示。

图12-39

图12-40

（5）选择"钢笔"工具，在属性栏的"选择工具模式"选项中选择"路径"，在图像窗口中绘制路径，如图12-41所示。按Ctrl+Enter组合键，将路径转化为选区，如图12-42所示。

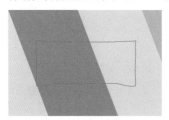

图12-41

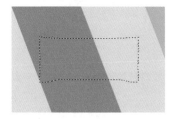

图12-42

（6）新建图层并将其命名为"外形"。将前景色设为灰色（其R、G、B的值分别为94、94、94）。按Alt+Delete组合键，用前景色填充选区，按Ctrl+D组合键取消选区，效果如图12-43所示。

图12-43

（7）按Ctrl+O组合键，打开本书学习资源中的"Ch12 > 效果 > 蓝莓口香糖包装设计 > 蓝莓口香糖包装平面图"文件，选择"移动"工具，将图片拖曳到图像窗口中适当的位置，并调整其大小，效果如图12-44所示，在"图层"控制面板中生成新的图层并将其命名为"图形"。

图12-44

（8）按Alt+Ctrl+G组合键，创建剪贴蒙版，效果如图12-45所示。新建图层并将其命名为"投影"。将前景色设为黑色。选择"椭圆选框"工具，在适当的位置绘制椭圆选区。按Alt+Delete组合键，用前景色填充选区。按Ctrl+D组合键，取消选区，效果如图12-46所示。

图12-45

图12-46

（9）选择"滤镜 > 模糊 > 高斯模糊"命令，在弹出的对话框中进行设置，如图12-47所示，单击"确定"按钮，效果如图12-48所示。

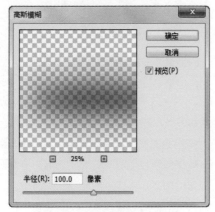

图12-47

图12-48

（10）在"图层"控制面板中，将"投影"图层拖曳到"外形"图层的下方，如图12-49所示，图像效果如图12-50所示。

图12-49

图12-50

（11）选择"图形"图层。新建图层并将其命名为"暗影"。将前景色设为深蓝色（其R、G、B的值分别为2、108、143）。选择"矩形"工具，在图像窗口中拖曳鼠标绘制矩形，效果如图12-51所示。单击"图层"控制面板下方的"添加图层蒙版"按钮，为图层添加蒙版，如图12-52所示。

图12-51

图12-52

（12）选择"渐变"工具，单击属性栏中的"点按可编辑渐变"按钮，弹出"渐变编辑器"对话框，将渐变色设为从黑色到白色，单击"确定"按钮。在矩形上从右到左拖曳渐变色，效果如图12-53所示。按Alt+Ctrl+G组合键，创建剪贴蒙版，如图12-54所示，图像效果如图12-55所示。

图12-53

图12-54

图12-55

（13）新建图层并将其命名为"暗影1"。选择"矩形"工具，在图像窗口中拖曳鼠标绘制矩形，效果如图12-56所示。单击"图层"控制面板下方的"添加图层蒙版"按钮，为图层添加蒙版。

图12-56

（14）选择"渐变"工具，在矩形上从上到下拖曳渐变色，效果如图12-57所示。按Alt+Ctrl+G组合键，创建剪贴蒙版，如图12-58所示，图像效果如图12-59所示。

图12-57

图12-58

图12-59

（15）选择"矩形"工具，在图像窗口中拖曳鼠标绘制矩形，如图12-60所示，在"图层"控制面板中生成新的图层并将其命名为"矩形3"。在控制面板上方，将该图层的"不透明度"选项设为36%，如图12-61所示，按Enter键确认操作，效果如图12-62所示。

图12-60

图12-61

图12-62

（16）选择"移动"工具，按住Alt键的同时，将矩形拖曳到适当的位置，复制矩形，效果如图12-63所示。用相同的方法再次复制矩形，效果如图12-64所示。

图12-63　　　　　　　　图12-64

（17）在"图层"控制面板中，按住Shift键的同时，单击"矩形3"图层，将副本图层和原图层同时选取，如图12-65所示。按Alt+Ctrl+G组合键，创建剪贴蒙版，如图12-66所示，图像效果如图12-67所示。

图12-65

图12-66

图12-67

（18）选择"移动"工具，按住Alt键的同时，将矩形拖曳到适当的位置，复制矩形，效果如图12-68所示。在"图层"控制面板上方，将副

本图层的混合模式选项设为"正片叠底"，"不透明度"选项设为31%，如图12-69所示，按Enter键确认操作，效果如图12-70所示。

图12-68

图12-69

图12-70

（19）蓝莓口香糖包装制作完成，效果如图12-71所示。按Shift+Ctrl+E组合键，合并可见图层。按Shift+Ctrl+S组合键，弹出"存储为"对话框，将其命名为"蓝莓口香糖包装设计"，保存图像为TIFF格式，单击"保存"按钮，弹出"TIFF选项"对话框，单击"确定"按钮，将图像保存。

图12-71

12.2 饮料包装设计

【案例学习目标】在Illustrator中，学习使用绘图工具、填充工具和文字工具制作包装效果。在Photoshop中，学习使用横排文字工具和图层面板制作包装广告。

【案例知识要点】在Illustrator中，使用钢笔工具、椭圆工具和渐变工具绘制包装主体和装饰图形，使用文字工具、创建轮廓命令和描边面板制作宣传文字。在Photoshop中，使用图层的混合模式制作底图，使用矩形选框工具和移动工具添加饮料主体，使用横排文字工具、钢笔工具和剪贴蒙版命令制作宣传文字。饮料包装设计效果如图12-72所示。

【效果所在位置】Ch12/效果/饮料包装设计/饮料包装设计.tif。

图12-72

Illustrator 应用

12.2.1 绘制饮料杯

（1）打开Illustrator软件，按Ctrl+N组合键，新建一个文档，设置文档的宽度为210mm，高度为204mm，颜色模式为CMYK，单击"确定"按钮。选择"钢笔"工具，在页面外绘制一个不规则闭合图形，如图12-73所示。

图12-73

（2）双击"渐变"工具，弹出"渐变"控制面板，在色带上设置3个渐变滑块，分别将渐变滑块的位置设为0、52、100，并设置C、M、Y、K的值分别为0（0、9、23、30）、52（0、0、0、0）、100（0、9、23、30），其他选项的设置如图12-74所示。图形被填充为渐变色，设置描边色为无，效果如图12-75所示。

图12-74

图12-75

（3）选择"钢笔"工具，在适当的位置绘制图形，如图12-76所示。在"渐变"控制面板中的色带上设置6个渐变滑块，分别将渐变滑块的位置设为0、18、43、65、85、100，并设置C、M、Y、K的值分别为0（77、0、85、24）、18（100、0、84、57）、43（77、0、86、24）、65（100、0、84、57）、85（77、0、82、24）、

100（88、0、86、24），其他选项的设置如图12-77所示。图形被填充为渐变色，设置描边色为无，效果如图12-78所示。

图12-76

图12-77

图12-78

（4）选择"椭圆"工具 ，在渐变图形上绘制一个椭圆形。设置填充色为绿色（其C、M、Y、K的值分别为93、0、84、0），填充图形，并设置描边色为无，效果如图12-79所示。

（5）在适当的位置再绘制一个椭圆形。设置填充色为深绿色（其C、M、Y、K的值分别为93、0、90、63），填充图形，并设置描边色为无，效果如图12-80所示。

图12-79

图12-80

（6）选择"钢笔"工具 ，在适当的位置绘制图形，如图12-81所示。选择"吸管"工具 ，在渐变图形上单击吸取对象的颜色，如图12-82所示，图形效果如图12-83所示。

图12-81

图12-82

图12-83

（7）选择"椭圆"工具 ，在渐变图形上绘制一个椭圆形，如图12-84所示。设置填充色为绿色（其C、M、Y、K的值分别为93、0、84、0），填充图形，并设置描边色为无，效果如图12-85所示。

图12-84

图12-85

（8）在适当的位置再绘制一个椭圆形，设置填充色为叶绿色（其C、M、Y、K的值分别为93、0、90、28），填充图形，并设置描边色为无，效果如图12-86所示。

图12-86

（9）选择"钢笔"工具 ，在适当的位置绘制图形。设置填充色为深绿色（其C、M、Y、K的值分别为93、0、90、45），填充图形并设置描边色为无，效果如图12-87所示。使用相同的方法再绘制其他图形并填充适当的颜色，效果如图12-88所示。

图12-87

图12-88

12.2.2　添加装饰图形和文字

（1）选择"钢笔"工具 ，在适当的位置绘制一个不规则闭合图形，如图12-89所示。在"渐变"控制面板中的色带上设置3个渐变滑块，分别将渐变滑块的位置设为0、49、92，并设置C、M、Y、K的值分别为0（26、0、72、0）、49（0、1、58、0）、92（26、0、72、0），其他选项的设置如图12-90所示。图形被填充为渐变色，设置描边色为无，效果如图12-91所示。

图12-89

图12-90　　　　　　　图12-91

（2）选择"椭圆"工具 ⬭，在渐变图形上绘制一个椭圆形，如图12-92所示。在"渐变"控制面板中的色带上设置3个渐变滑块，分别将渐变滑块的位置设为0、68、90，并设置C、M、Y、K的值分别为0（21、0、74、0）、68（37、0、74、0）、90（21、0、70、0），其他选项的设置如图12-93所示。图形被填充为渐变色，设置描边色为无，效果如图12-94所示。

图12-92　　　　　　　图12-93

图12-94

（3）选择"选择"工具 ▶，选中图形，按Ctrl+C组合键，复制图形。按Ctrl+F组合键，将复制的图形粘贴在前面。等比例缩小图形并拖曳到适当的位置，效果如图12-95所示。选择"钢笔"工具 ✎，在适当的位置绘制图形。设置填充色为黄绿色（其C、M、Y、K的值分别为21、0、70、0），填充图形，并设置描边色为无，效果如图12-96所示。

图12-95　　　　　　　图12-96

（4）按Ctrl+O组合键，打开本书学习资源中的"Ch12 > 素材 > 饮料包装设计 > 01"文件。按Ctrl+A组合键，将所有图形同时选取。按Ctrl+C组合键，复制图形。选择正在编辑的页面，按Ctrl+V组合键，将复制的图形粘贴到页面中，并拖曳到适当的位置，效果如图12-97所示。

（5）选择"文字"工具 T，在适当的位置输入需要的文字。选择"选择"工具 ▶，在属性栏中选择合适的字体并设置文字大小。按Alt+↑组合键，调整文字行距，效果如图12-98所示。

图12-97　　　　　　　图12-98

（6）按Shift+Ctrl+O组合键，将文字转换为轮廓。设置填充色为绿色（其C、M、Y、K的值分别为73、2、83、0），填充文字，并填充描边色为白色，效果如图12-99所示。选择"窗口 > 描边"命令，弹出"描边"控制面板，选项的设置如图12-100所示，按Enter键确认操作，文字效果如图12-101所示。

图12-99

图12-100

图12-101

（7）选择"钢笔"工具 ，在页面外绘制一个不规则闭合图形，如图12-102所示。在"渐变"控制面板中的色带上设置3个渐变滑块，分别将渐变滑块的位置设为0、77、100，并设置C、M、Y、K的值分别为0（5、0、17、0）、77（74、0、57、0）、100（74、10、66、0），其他选项的设置如图12-103所示。图形被填充为渐变色，设置描边色为无，效果如图12-104所示。

图12-102

图12-103

图12-104

（8）选择"钢笔"工具 ，在适当的位置绘制一个图形，如图12-105所示。设置填充色为祖母绿（其C、M、Y、K的值分别为100、17、100、7），填充图形，并设置描边色为无，效果如图12-106所示。

图12-105

图12-106

（9）在适当的位置再绘制一个图形，如图12-107所示。在"渐变"控制面板中的色带上设置3个渐变滑块，分别将渐变滑块的位置设为0、50、100，并设置C、M、Y、K的值分别为0（53、0、45、0）、50（0、0、0、0）、100（53、0、45、0），其他选项的设置如图12-108所示。图形被填充为渐变色，设置描边色为无，效果如图12-109所示。

图12-107

图12-108

图12-109

（10）使用相同的方法绘制其他高光图形，效果如图12-110所示。选择"选择"工具 ，将刚绘制的图形同时选取，按Ctrl+G组合键，将其编组。将编组图形拖曳到适当的位置，并调整其大小，效果如图12-111所示。连续按Ctrl+［组合键，后移图形，效果如图12-112所示。复制多个编组图形，并调整其大小、角度和位置，后移图形，效果如图12-113所示。

图12-110　　　　　　图12-111

图12-112　　　　　　图12-113

（11）按Ctrl+O组合键，打开本书学习资源中的"Ch12 > 素材 > 饮料包装设计 > 02"文件。按Ctrl+A组合键，将所有图形同时选取。按Ctrl+C组合键，复制图形。选择正在编辑的页面，按Ctrl+V组合键，将复制的图形粘贴到页面中，并拖曳到适当的位置，效果如图12-114所示。

图12-114

（12）按住Shift键的同时，依次单击选取需要的图形，如图12-115所示。按住Alt+Shift组合键的同时，水平向右拖曳图形到适当的位置，复制图形。分别复制和调整图形的位置和大小，效果如图12-116所示。

图12-115　　　　　　图12-116

（13）饮料包装制作完成。按Ctrl+S组合键，弹出"存储为"对话框，将其命名为"饮料包装"，保存为AI格式，单击"保存"按钮，将文件保存。

Photoshop 应用

12.2.3　制作广告效果

（1）打开Photoshop软件，按Ctrl＋N组合键，新建一个文件：宽度为21cm，高度为28.5cm，分辨率为150像素/英寸，颜色模式为RGB，背景内容为白色。将前景色设为暗灰色（其R、G、B的值分别为49、49、49）。按Alt+Delete组合键，用前景色填充背景图层，效果如图12-117所示。

（2）按Ctrl＋O组合键，打开本书学习资源中的"Ch12 > 素材 > 饮料包装设计 > 03"文件，选择"移动"工具，将图片拖曳到图像窗口中适当的位置，并调整其大小，效果如图12-118所示，在"图层"控制面板中生成新的图层并将其命名为"底纹"。

图12-117　　　　　　图12-118

（3）在"图层"控制面板上方，将该图层的混合模式选项设为"叠加"，如图12-119所示，图像效果如图12-120所示。

图12-119　　　　　图12-120

（4）按Ctrl+O组合键，打开本书学习资源中的"Ch12 > 素材 > 饮料包装设计 > 04"文件，选择"移动"工具，将图片拖曳到图像窗口中适当的位置，并调整其大小，效果如图12-121所示，在"图层"控制面板中生成新的图层并将其命名为"装饰"。

图12-121

（5）按Ctrl+O组合键，打开本书学习资源中的"Ch12 > 效果 > 饮料包装设计 > 饮料包装"文件，如图12-122所示。选择"矩形选框"工具，选中属性栏中的"添加到选区"按钮，在图像窗口中绘制选区，效果如图12-123所示。

图12-122　　　　　图12-123

（6）选择"移动"工具，将图片拖曳到图像窗口中适当的位置，并调整其大小，效果如图12-124所示，在"图层"控制面板中生成新的图层并将其命名为"饮料"。

图12-124

（7）单击"图层"控制面板下方的"添加图层样式"按钮，在弹出的菜单中选择"外发光"命令，在弹出的对话框中进行设置，如图12-125所示，单击"确定"按钮，效果如图12-126所示。

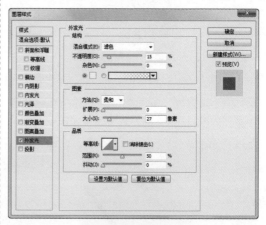

图12-125

图12-126

（8）选择"饮料包装"文件。选择"矩形选框"工具，在适当的位置绘制矩形选区，如图12-127所示。选择"移动"工具，将图片拖曳到图像窗口中适当的位置，并调整其大小，效果如图12-128所示，在"图层"控制面板中生成新的图层并将其命名为"饮料2"。

图12-131

图12-127　　　　　图12-128

（9）将前景色设为白色。选择"横排文字"工具，在适当的位置输入需要的文字并选取文字，在属性栏中选择合适的字体并设置文字大小，如图12-129所示。按Alt+↑组合键，调整文字行距，效果如图12-130所示，在"图层"控制面板中生成新的文字图层。

图12-132

（11）将前景色设为橘黄色（其R、G、B的值分别为244、173、51）。选择"横排文字"工具，在适当的位置输入需要的文字并选取文字，在属性栏中选择合适的字体并设置文字大小，如图12-133所示。

图12-129　　　　　图12-130

（10）单击属性栏中的"创建文字变形"按钮，弹出"变形文字"对话框，选项的设置如图12-131所示，单击"确定"按钮，效果如图12-132所示。

图12-133

（12）单击"图层"控制面板下方的"添加图层样式"按钮，在弹出的菜单中选择"描边"命令，弹出对话框，将描边颜色设为暗红色（其R、G、B的值分别为154、44、44），其他选项的设置如图12-134所示。选择"投影"选项，切换到相应的对话框，选项的设置如图12-135所示，单击"确定"按钮，效果如图12-136所示。

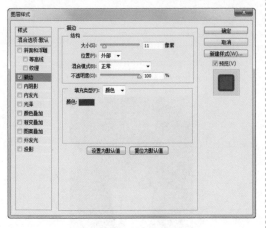

图12-134

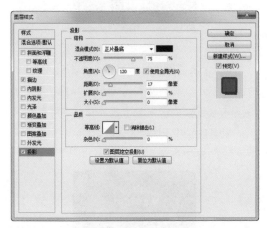

图12-135

图12-136

（13）将前景色设为橙色（其R、G、B的值分别为235、127、38）。选择"钢笔"工具 ，在属性栏的"选择工具模式"选项中选择"形状"，在图像窗口中绘制需要的图形，效果如图12-137所示。"图层"控制面板中自动生成一个"形状1"图层。

图12-137

（14）用相同的方法再绘制一个黄色（其R、G、B的值分别为246、218、72）图形，效果如图12-138所示。在"图层"控制面板中，按住Shift键的同时，选取"形状1"和"形状2"图层。按Alt+Ctrl+G组合键，创建剪贴蒙版，图像效果如图12-139所示。

图12-138　　　　　　图12-139

（15）在"图层"控制面板中，按住Ctrl键的同时，单击"鲜榨果汁"文字图层，将需要的图层同时选取。按Ctrl+E组合键，合并图层并将其命名为"文字"，如图12-140所示。按Ctrl+T组合键，在文字周围出现变换框，拖曳鼠标将其旋转到适当的角度，并调整其位置，按Enter键确认操作，效果如图12-141所示。

图12-140

图12-141

图12-142

（16）将前景色设为白色。选择"横排文字"工具 [T]，在适当的位置输入需要的文字并选取文字，在属性栏中选择合适的字体并设置文字大小，效果如图12-142所示，在"图层"控制面板中生成新的文字图层。

（17）饮料包装制作完成。按Shift+Ctrl+E组合键，合并可见图层。按Shift+Ctrl+S组合键，弹出"存储为"对话框，将其命名为"饮料包装设计"，保存图像为TIFF格式，单击"保存"按钮，弹出"TIFF选项"对话框，单击"确定"按钮，将图像保存。

12.3 课后习题——奶粉包装设计

【习题知识要点】在Illustrator中，使用矩形工具、椭圆工具、路径查找器面板和渐变工具绘制包装主体，使用椭圆工具、直接选择工具和排列命令绘制狮子和标签图形，使用文本工具、字符面板和渐变工具添加相关信息。在Photoshop中，使用渐变工具制作背景效果，使用复制命令、变换命令、图层蒙版、渐变工具和画笔工具制作阴影。奶粉包装设计效果如图12-143所示。

【效果所在位置】Ch12/效果/奶粉包装设计/奶粉包装设计.tif。

图12-143